초등 수학

한 권으로

서술형

KB116377

※ **검토해 주신 분들**

최현지 선생님 (서울자곡초등학교)
서채은 선생님 (EBS 수학 강사)
이소연 선생님 (L MATH 학원 원장)

한 권으로 초등수학 서술형 끝 9

지은이 나소은·넥서스수학교육연구소
펴낸이 임상진
펴낸곳 (주)넥서스

초판 1쇄 발행 2020년 9월 01일
초판 2쇄 발행 2020년 9월 04일

출판신고 1992년 4월 3일 제311-2002-2호
10880 경기도 파주시 지목로 5
Tel (02)330-5500 Fax (02)330-5555

ISBN 979-11-6165-878-0 64410
      979-11-6165-869-8 (SET)

가격은 뒤표지에 있습니다.
잘못 만들어진 책은 구입처에서 바꾸어 드립니다.
www.nexusbook.com
www.nexusEDU.kr/math

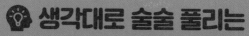
생각대로 술술 풀리는

#교과연계 #창의수학 #사고력수학 #스토리텔링

초등
수학
한 권으로
서술형
끝

나소은·넥서스수학교육연구소 지음

9

초등수학
5-1 과정

넥서스에듀

〈한 권으로 서술형 끝〉으로 끊임없는 나의 고민도 끝!

문제를 제대로 읽고 답을 했다고 생각했는데, 쓰다 보니 자꾸만 엉뚱한 답을 하게 돼요.

문제에서 어떠한 정보를 주고 있는지, 최종적으로 무엇을 구해야 하는지 정확하게 파악하는 단계별 훈련이 필요해요.

독서량은 많지만 논리 정연하게 답을 정리하기가 힘들어요.

독서를 통해 어휘력과 문장 이해력을 키웠다면, 생각을 직접 글로 써보는 연습을 해야 해요.

서술형 답을 어떤 것부터 써야 할지 모르겠어요.

문제에서 구하라는 것을 찾기 위해 어떤 조건을 이용하면 될지 짝을 지으면서 "A이므로 B임을 알 수 있다."의 서술 방식을 이용하면 답안 작성의 기본을 익힐 수 있어요.

시험에서 부분 점수를 자꾸 깎이는데요, 어떻게 해야 할까요?

직접 쓴 답안에서 어떤 문장을 꼭 써야 할지, 정답지에서 제공하고 있는 '채점 기준표'를 이용해서 꼼꼼하게 만점 맞기 훈련을 할 수 있어요.
만점은 물론, 창의력 + 사고력 향상도 기대하세요!

왜 〈한 권으로 서술형 끝〉으로
공부해야 할까요?

서술형 문제는 종합적인 사고 능력을 키우는 데 큰 역할을 합니다. 또한 배운 내용을 총체적으로 검증할 수 있는 유형으로 논리적 사고, 창의력, 표현력 등을 키울 수 있어 많은 선생님들이 학교 시험에서 다양한 서술형 문제를 통해 아이들을 훈련하고 계십니다. 부모님이나 선생님들을 위한 강의를 하다 보면, 학교에서 제일 어려운 시험이 서술형 평가라고 합니다. 어디서부터 어떻게 가르쳐야 할지, 논리력, 사고력과 연결되는 서술형은 어떤 책으로 시작해야 하는지 추천해 달라고 하십니다.

서술형 문제는 창의력과 사고력을 근간으로 만들어진 문제여서 아이들이 스스로 생각해보고 직접 문제에 대한 답을 찾아나갈 수 있는 과정을 훈련하도록 해야 합니다. 서술형 학습 훈련은 먼저 문제를 잘 읽고, 무엇을 풀이 과정 및 답으로 써야 하는지 이해하는 것이 핵심입니다. 그렇다면, 문제도 읽기 전에 힘들어하는 아이들을 위해, 서술형 문제를 완벽하게 풀 수 있도록 훈련하는 학습 과정에는 어떤 것이 있을까요?

문제에서 주어진 정보를 이해하고 단계별로 문제 풀이 및 답을 찾아가는 과정이 필요합니다.
먼저 주어진 정보를 찾고, 그 정보를 이용하여 수학 규칙이나 연산을 활용하여 답을 구해야 합니다.
서술형은 글로 직접 문제 풀이를 써내려 가면서 수학 개념을 이해하고 있는지 잘 정리하는 것이 핵심이어서 주어진 정보를 제대로 찾아 이해하는 것이 가장 중요합니다.

서술형 문제도 단계별로 훈련할 수 있음을 명심하세요! 이러한 과정을 손쉽게 해결할 수 있도록 교과서 내용을 연계하여 집필하였습니다. 자, 그럼 "한 권으로 서술형 끝" 시리즈를 통해 아이들의 창의력 및 사고력 향상을 위해 시작해 볼까요?

EBS 초등수학 강사 **나소은**

나소은 선생님 소개

- (주)아이눈 에듀 대표
- EBS 초등수학 강사
- 좋은책신사고 쎈닷컴 강사
- 아이스크림 홈런 수학 강사
- 천재교육 밀크티 초등 강사
- 교원, 대교, 푸르넷, 에듀왕 수학 강사
- Qook TV 초등 강사
- 방과후교육연구소 수학과 책임
- 행복한 학교(재) 수학과 책임
- 여성능력개발원 수학지도사 책임 강사

구성 및 특징

초등수학 서술형의 끝을 향해
여행을 떠나볼까요?

STEP 1 대표 문제 맛보기

핵심유형 1 ★ 덧셈과 뺄셈이 섞여 있는 식

STEP 1 대표 문제 맛보기

영진이가 96쪽인 문제집을 풀고 있습니다. 어제까지 38쪽을 풀었고, 오늘은 15쪽을 풀었습니다. 오늘까지 풀고 남은 쪽수는 몇 쪽인지 덧셈과 뺄셈이 섞여 있고 ( )가 있는 식을 만들려고 합니다. 풀이 과정을 쓰고, 답을 구하세요. [8점]

1단계 알고 있는 것 [1점]
문제집 전체 쪽수 : ☐ 쪽
어제까지 푼 문제집 쪽수 : ☐ 쪽
오늘 문제집 쪽수 : ☐ 쪽

2단계 구하려는 것 [1점]
오늘까지 풀고 ☐ 문제집 쪽수는 모두 몇 쪽인지 구하려고 합니다.

3단계 문제 해결 방법 [2점]
어제까지 푼 문제집 쪽수인 ☐ 과 오늘 푼 문제집 쪽수인 ☐ 를 더하고 전체 쪽수인 ☐ 에서 뺍니다.

4단계 문제 풀이 과정 [3점]
(어제까지 푼 문제집 쪽수) + (오늘 푼 문제집 쪽수) = 38 + ☐ (쪽)
이므로 오늘까지 풀고 남은 문제집 쪽수를 덧셈과 뺄셈이 섞여 있고 ( ) 있는 식으로 나타내면
(오늘까지 풀고 남은 문제집 쪽수)
= (문제집 전체 쪽수) − (어제까지와 오늘 푼 문제집 쪽수의 합)
= 96 − (38 + ☐) = ☐ − ☐ = ☐ (쪽)입니다.

5단계 구하려는 답
따라서 오늘까지 풀고 남은 문제집 쪽수는 모두 ☐ 쪽입니다.

12

처음이니까 서술형 답을
어떻게 쓰는지 5단계로
정리해서 알려줄게요!
교과서에 수록된 핵심
유형을 맛볼 수 있어요.

STEP 2 따라 풀어보기

STEP 2 따라 풀어보기

서진이는 마트에서 2700원짜리 초콜릿 한 개와 1500원짜리 젤리 한 개를 사고 5000원을 냈습니다. 거스름돈은 얼마인지 덧셈과 뺄셈이 섞여 있고 ( )있는 식을 만들려고 합니다. 풀이 과정을 쓰고, 답을 구하세요. [8점]

1단계 알고 있는 것 [1점]
초콜릿 한 개 가격 : ☐ 원
젤리 한 개 가격 : ☐ 원
서진이가 낸 금액 : ☐ 원

2단계 구하려는 것 [1점]
☐ 이 얼마인지 구하려고 합니다.

3단계 문제 해결 방법 [2점]
초콜릿 한 개의 값과 젤리 한 개의 값을 (더하고, 빼고) 서진이가 낸 금액인 ☐ 원에서 뺍니다.

4단계 문제 풀이 과정 [3점]
(초콜릿 한 개의 값) + (젤리 한 개의 값)
= ☐ (원)이므로
덧셈, 뺄셈이 섞여 있고 ( )가 있는 식으로 나타내면
(거스름돈) = (지불한 금액) − (초콜릿 한 개 값과 젤리 한 개 값의 합)
= ☐
= ☐
= ☐ (원)입니다.

5단계 구하려는 답 [1점]

자연수의 혼합 계산 • 13

'Step1'과 유사한 문제를
따라 풀어보면서 다시 한 번
익힐 수 있어요!

STEP 3 스스로 풀어보기

STEP 3 스스로 풀어보기

1. 5학년 1반 학급문고에는 책이 94권 있습니다. 학생들이 어제 36권을 대여하였고 오늘 그중 28권을 반납하였습니다. 학급문고에 남은 책은 몇 권인지 하나의 식을 만들어 구하려고 합니다. 풀이 과정을 쓰고, 답을 구하세요. [10점]

풀이
대여한 책의 수는 (더하고, 빼고) 반납한 책의 수는 (더해서, 빼서) 남은 책의 수를 구합니다.
따라서 (남은 책의 수) = (전체 책의 수) − ☐ 한 책의 수) + ☐ 한 책의 수)
= ☐ − ☐ + ☐
= ☐ + ☐
= ☐ (권)입니다.

답 ☐

2. 버스에 46명의 승객이 타고 있었습니다. 다음 정거장에서 14명이 내리고 6명이 탔습니다. 지금 버스에 타고 있는 승객은 몇 명인지 하나의 식을 만들어 구하려고 합니다. 풀이 과정을 쓰고, 답을 구하세요. [10점]

풀이

답 ☐

14

앞에서 학습한 핵심 유형을
생각하며 다시 연습해보고,
쌍둥이 문제로 따라 풀어보
세요! 서술형 문제를 술술
생각대로 풀 수 있답니다.

창의 융합, 생활 수학, 스토리텔링,
유형 복합 문제 수록!

실력 다지기

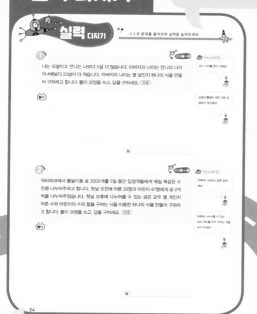

이제 실전이에요. 새 교육과정의
핵심인 '융합 인재 교육'에 알맞게
창의력, 사고력 문제들을 풀며 실
력을 탄탄하게 다져보세요!

➕ 추가 콘텐츠

www.nexusEDU.kr/math

단원을 마무리하기 전에 넥서스에듀
홈페이지 및 QR코드를 통해 제공하는
'스페셜 유형'과 다양한 '추가 문제'로
부족한 부분을 보충하고 배운 것을 추
가적으로 복습할 수 있어요.
또한, '무료 동영상 강의'를 통해 교과
와 연계된 개념 정리와 해설 강의를 들
을 수 있어요.

동영상 강의
추가 문제

QR코드를 찍으면
동영상 강의를
들을 수 있어요.

정답 및 해설

자세한 답안과 단계별 부분 점수를
보고 채점해보세요! 어떤 부분이
부족한지 정확하게 파악하여 사고
력, 논리력을 키울 수 있어요!

나만의 문제 만들기

서술형 문제를 거꾸로 풀
어 보면 개념을 잘 이해
했는지 확인할 수 있어요!
'나만의 문제 만들기'를 풀
면서 최종 실력을 체크하
는 시간을 가져보세요!

차례

5

분수의
덧셈과 뺄셈

6

다각형의
둘레와 넓이

💡 **정답 및 풀이** 〔 채점 기준표가 들어있어요! 〕

1. 자연수의 혼합 계산

핵심유형 1

☆ 덧셈과 뺄셈이 섞여 있는 식

STEP 1 대표 문제 맛보기

영진이가 96쪽인 문제집을 풀고 있습니다. 어제까지 38쪽을 풀었고, 오늘은 15쪽을 풀었습니다. 오늘까지 풀고 남은 쪽수는 몇 쪽인지 덧셈과 뺄셈이 섞여 있고 ( )가 있는 식을 만들어 구하려고 합니다. 풀이 과정을 쓰고, 답을 구하세요. (8점)

1단계 알고 있는 것 (1점)

문제집 전체 쪽수 : ☐ 쪽

어제까지 푼 문제집 쪽수 : ☐ 쪽

오늘 푼 문제집 쪽수 : ☐ 쪽

2단계 구하려는 것 (1점)

오늘까지 풀고 ☐ 문제집 쪽수는 모두 몇 쪽인지 구하려고 합니다.

3단계 문제 해결 방법 (2점)

어제까지 푼 문제집 쪽수인 ☐ 과 오늘 푼 문제집 쪽수인

☐ 를 더하고 전체 쪽수인 ☐ 에서 뺍니다.

4단계 문제 풀이 과정 (3점)

(어제까지 푼 문제집 쪽수) + (오늘 푼 문제집 쪽수) = 38 + ☐ (쪽)

이므로 오늘까지 풀고 남은 문제집 쪽수를 덧셈과 뺄셈이 섞여 있고

( )가 있는 식으로 나타내면

(오늘까지 풀고 남은 문제집 쪽수)

= (문제집 전체 쪽수) − (어제까지와 오늘 푼 문제집 쪽수의 합)

= 96 − (38 + ☐) = ☐ − ☐ = ☐ (쪽)입니다.

5단계 구하려는 답 (1점)

따라서 오늘까지 풀고 남은 문제집 쪽수는 모두 ☐ (쪽)입니다.

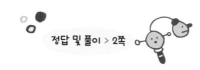

STEP 2 따라 풀어보기☆

서진이는 마트에서 2700원짜리 초콜릿 한 개와 1500원짜리 젤리 한 개를 사고 5000원을 냈습니다. 거스름돈은 얼마인지 덧셈과 뺄셈이 섞여 있고 ( )있는 식을 만들어 구하려고 합니다. 풀이 과정을 쓰고, 답을 구하세요. 9점

1단계 알고 있는 것 1점

초콜릿 한 개 가격 : ☐ 원

젤리 한 개 가격 : ☐ 원

서진이가 낸 금액 : ☐ 원

2단계 구하려는 것 1점

☐ 이 얼마인지 구하려고 합니다.

3단계 문제 해결 방법 2점

초콜릿 한 개의 값과 젤리 한 개의 값을 (더하고 , 빼고) 서진이가 낸 금액인 ☐ 원에서 뺍니다.

4단계 문제 풀이 과정 3점

(초콜릿 한 개의 값)+(젤리 한 개의 값)

= ☐ + ☐ (원)이므로

덧셈, 뺄셈이 섞여 있고 ( )가 있는 식으로 나타내면

(거스름돈) = (지불한 금액) − (초콜릿 한 개 값과 젤리 한 개 값의 합)

= ☐ − (☐ + ☐)

= ☐ − ☐

= ☐ (원)입니다.

5단계 구하려는 답 2점

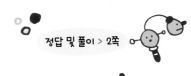

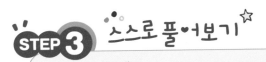

STEP 3

1. 5학년 1반 학급문고에는 책이 94권 있습니다. 학생들이 어제 36권을 대여하였고 오늘 그중 28권을 반납하였습니다. 학급문고에 남은 책은 몇 권인지 하나의 식을 만들어 구하려고 합니다. 풀이 과정을 쓰고, 답을 구하세요. 〔10점〕

대여한 책의 수는 (더하고 , 빼고) 반납한 책의 수는 (더해서 , 빼서) 남은 책의 수를

구합니다.

따라서 (남은 책의 수) = (전체 책의 수) − (☐ 한 책의 수) + (☐ 한 책의 수)

= ☐ − ☐ + ☐

= ☐ + ☐

= ☐ (권)입니다.

답 _____

2. 버스에 46명의 승객이 타고 있었습니다. 다음 정거장에서 14명이 내리고 6명이 탔습니다. 지금 버스에 타고 있는 승객은 몇 명인지 하나의 식을 만들어 구하려고 합니다. 풀이 과정을 쓰고, 답을 구하세요. 〔15점〕

답 _____

핵심유형2 ★ 곱셈과 나눗셈이 섞여 있는 식

STEP 1 대표 문제 맛보기

주하네 반 24명의 학생들이 6명씩 한 모둠이 되어 종이접기를 합니다. 한 모둠에 색종이를 8장씩 나누어주려면 색종이는 모두 몇 장이 필요한지 하나의 식을 만들어 구하려고 합니다. 풀이 과정을 쓰고, 답을 구하세요. (8점)

1단계 알고 있는 것 (1점)

주하네 반 학생 수 : ☐ 명   한 모둠의 학생 수 : ☐ 명

한 모둠에 나누어줄 색종이 수 : ☐ 장

2단계 구하려는 것 (1점)

한 모둠에 ☐ 장씩 나누어줄 때 필요한 ☐ 의 수는 모두 몇 장인지 구하려고 합니다.

3단계 문제 해결 방법 (2점)

전체 학생 수를 한 모둠의 학생 수로 나누어 모둠 수를 구한 후

모둠 수에 한 모둠에 나누어줄 색종이 수를 (더하여 , 곱하여) 필요한

☐ 의 수를 구합니다.

4단계 문제 풀이 과정 (3점)

(필요한 색종이 수) = (전체 학생 수) ÷ (한 모둠의 모둠원 수)

× (한 모둠에 나누어줄 색종이의 수)

= (모둠 수) × (한 모둠에 나누어줄 색종이의 수)

= ☐ ÷ 6 × ☐ = ☐ × ☐ = ☐ (장)

5단계 구하려는 답 (1점)

따라서 필요한 색종이의 수는 모두 ☐ 장입니다.

주원이네 반 남학생은 한 모둠에 4명씩 3모둠입니다. 색연필 72자루를 주원이네 반 남학생들에게 똑같이 나누어주려면 한 사람에게 몇 자루씩 주면 되는지 하나의 식을 만들어 구하려고 합니다. 풀이 과정을 쓰고, 답을 구하세요. (9점)

1단계 알고 있는 것 (1점)

주원이네 반 남학생 수 : ☐ 명씩 3모둠

주원이가 가지고 있는 색연필의 수 : ☐ 자루

2단계 구하려는 것 (1점)

☐ 사람에게 주어야 할 색연필의 수를 구하려고 합니다.

3단계 문제 해결 방법 (2점)

남학생 수를 구한 후 한 사람에게 주어야 할 ☐ 의 수를 구합니다. 남학생 수는 모둠 수에 한 모둠의 모둠원 수를 (곱하여 , 나누어) 구하고, 한 사람에게 주어야 할 색연필의 수는 전체 색연필의 수에서 남학생 수를 (빼어 , 나누어) 구합니다.

4단계 문제 풀이 과정 (3점)

(한 사람에게 주어야 할 색연필의 수)

= (전체 색연필의 수) ÷ (한 모둠의 모둠원 수 ✕ 모둠의 수)

= (전체 색연필의 수) ÷ (남학생 수)

= ☐ ÷ (☐ ✕ 3) = ☐ ÷ ☐ = ☐ (자루)입니다.

5단계 구하려는 답 (2점)

STEP 3 스스로 풀어보기

1. 재호는 철사를 사용하여 한 변의 길이가 8 cm인 정사각형 모양을 만들려고 합니다. 재호가 가지고 있는 철사의 길이가 96 cm라면 정사각형 모양은 모두 몇 개 만들 수 있는지 곱셈과 나눗셈이 섞여 있고 ( )가 있는 식을 만들어 구하려고 합니다. 풀이 과정을 쓰고, 답을 구하세요. 〔10점〕

풀이

정사각형은 ☐ 변의 길이가 같으므로

(정사각형 한 개를 만들 때 필요한 철사의 길이)

= (한 변의 길이) × (☐ 의 수) = ☐ × 4(cm)이므로

(만들 수 있는 정사각형 모양의 수)

= (전체 철사의 길이) ÷ (정사각형 한 개를 만들 때 필요한 철사의 길이)

= ☐ ÷ (8 × ☐) = ☐ ÷ ☐ = ☐ (개)입니다.

답 _____

2. 예린이네 반 학생들은 미술시간에 6명씩 6모둠으로 나누어 모둠 활동을 하고 있습니다. 도화지 144장을 예린이네 반 학생들에게 똑같이 나누어주려고 합니다. 한 사람에게 몇 장씩 나누어줄 수 있는지 곱셈과 나눗셈이 섞여 있고 ( )가 있는 식을 만들어 구하려고 합니다. 풀이 과정을 쓰고, 답을 구하세요. 〔15점〕

풀이

답 _____

STEP 1 대표 문제 맛보기

구슬이 40개 있습니다. 남학생 4명과 여학생 3명이 각각 3개씩 가지고 갔습니다. 남은 구슬은 몇 개인지 덧셈, 뺄셈, 곱셈이 섞여 있고 (   )가 있는 식을 만들어 구하려고 합니다. 풀이 과정을 쓰고, 답을 구하세요. (단, 남학생 수와 여학생 수의 합을 이용한 식을 만듭니다.) (8점)

1단계 **알고 있는 것** (1점)

전체 구슬의 수 : ☐ 개   남학생 수 : ☐ 명

여학생 수 : ☐ 명   한 사람이 가지고 간 구슬의 수 : ☐ 개

2단계 **구하려는 것** (1점)

☐ 과 여학생이 가지고 간 후 남은 ☐ 의 개수를 구하려고 합니다.

3단계 **문제 해결 방법** (2점)

가장 먼저 남학생과 여학생의 수의 (합 , 차)을(를) 구한 후 한 사람이 가져간 구슬의 수를 (곱한 , 나눈) 수를 구하고 전체 구슬의 수와의 (합 , 차)을(를) 구합니다.

4단계 **문제 풀이 과정** (3점)

(전체 학생 수) = (남학생 수) + (여학생 수) = ☐ + ☐ (명)이고

(7명이 3개씩 가지고 간 구슬의 수) = ☐ × ☐ (개)이므로 남은 구슬의 수를 덧셈, 뺄셈, 곱셈이 섞여 있는 식으로 나타내면

(남은 구슬의 수) = (전체 구슬 수) − (전체 학생 수) × (한 사람이 가지고 간 구슬의 수)

= 40 − (4 + ☐) × ☐ = 40 − ☐ × 3

= 40 − ☐ = ☐ (개)입니다.

5단계 **구하려는 답** (1점)

따라서 남학생과 여학생이 가지고 간 후 남은 구슬의 수는 ☐ (개)입니다.

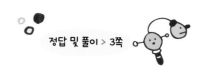

STEP 2

> 선생님이 56개의 사탕을 남학생 3명, 여학생 4명에게 똑같이 나누어주었습니다. 성진이는 받은 사탕 중 3개를 친구에게 주었습니다. 성진이에게 남은 사탕은 몇 개인지 하나의 식으로 나타내고 답하려고 합니다. 풀이 과정을 쓰고, 답을 구하세요. (9점)

1단계 알고 있는 것 (1점)

남학생 수 : ☐ 명   여학생 수 : ☐ 명

전체 사탕 수 : ☐ 개 성진이가 친구에게 준 사탕의 수 : ☐ 개

2단계 구하려는 것 (1점)

성진이에게 ☐ 사탕의 수를 구하려고 합니다.

3단계 문제 해결 방법 (2점)

남학생 수와 ☐ 수를 더하여 전체 학생 수를 구하고 전체 사탕 수를 전체 학생 수로 나누어 한 사람이 받은 ☐ 의 수를 구합니다. 이 값에서 친구에게 준 사탕의 수를 (더해서 , 빼서) 남은 사탕의 수를 구합니다.

4단계 문제 풀이 과정 (3점)

(전체 학생 수) = (남학생 수) + (여학생 수) = ☐ + ☐ (명)

(한 사람이 받은 사탕의 수) = (전체 사탕 수) ÷ (전체 학생 수)

= ☐ ÷ (3 + ☐)(개)이므로

성진이에게 남은 사탕의 수를 하나의 식으로 나타내면

(성진이에게 남은 사탕의 수)

= (전체 사탕 수) ÷ (전체 학생 수) − (친구에게 준 사탕의 수)

= ☐ ÷ (3 + ☐) − ☐

= ☐ ÷ ☐ − ☐

= ☐ − ☐ = ☐ (개)입니다.

5단계 구하려는 답 (2점)

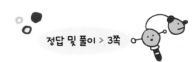

STEP 3 스스로 풀어보기 ☆

유형 ③

1. 가◎나=가×나-(가+나)입니다. 27◎5는 얼마인지 풀이 과정을 쓰고, 답을 구하세요. (10점)

풀이

가 대신에 [　　], **나** 대신에 [　]를 넣으면 27◎5 = [　　] × 5 - ([　　] + 5)입니다.

( ) 있는 식은 ( ) 안을 먼저 계산해야 하므로 가장 먼저 27 × 5와 27 + 5를 계산합니다.

따라서 27◎5 = 27 × 5 - (27 + 5) = 27 × 5 - [　　] = [　　] - 32 = [　　]입니다.

답 _____

2. 가◆나=가÷나+(가-나)입니다. 14◆7의 값은 얼마인지 풀이 과정을 쓰고, 답을 구하세요. (15점)

풀이

답 _____

20

핵심유형4 — 덧셈, 뺄셈, 곱셈, 나눗셈이 섞여 있는 식

STEP 1 · 대표 문제 맛보기

귤 350개를 7개씩 상자에 나누어 담고 사과 120개는 6개씩 상자에 나누어 담은 후 그중 3상자를 먹었습니다. 남은 상자를 한 상자에 5000원씩 받고 팔았다면 판 금액은 모두 얼마인지 하나의 식을 만들어 구하려고 합니다. 풀이 과정을 쓰고, 답을 구하세요. (단, 귤 과 사과는 한 상자에 담지 않습니다.) (8점)

1단계 알고 있는 것 (1점)

귤의 개수 ☐ 개   한 상자에 담을 귤의 개수 : ☐ 개

사과의 개수 ☐ 개   한 상자에 담을 사과의 개수 : ☐ 개

먹은 상자의 수 : ☐ 상자   한 상자의 판매 금액: ☐ 원

2단계 구하려는 것 (1점)

☐ 과 ☐ 를 담은 상자에서 ☐ 상자를 먹고 남은 상자를 한 상자에 ☐ 씩 받고 팔았을 때 판 금액은 모두 얼마인지 구하려고 합니다.

3단계 문제 해결 방법 (2점)

귤을 담은 ☐ 의 수와 사과를 담은 상자의 수의 (합 , 차)을(를) 구한 후 먹은 상자 수를 (더하여 , 빼서) 남은 상자 수를 구합니다. 남은 상자의 수에 한 상자의 판매 금액을 (곱하여 , 나누어) 판 금액이 모두 얼마인지 구합니다.

4단계 문제 풀이 과정 (3점)

(귤을 담은 상자의 수) = 350 ÷ ☐ (개)이고

(사과를 담은 상자의 수) = 120 ÷ ☐ (개)이므로

(판 금액) = {(귤을 담은 상자의 수) + (사과를 담은 상자의 수)
            − (판 상자의 수)} × (한 상자의 판매 금액)

= (350 ÷ ☐ + 120 ÷ ☐ − 3) × 5000

= (50 + ☐ − 3) × 5000 = (☐ − 3) × 5000

= ☐ × 5000 = ☐ (원)입니다.

5단계 구하려는 답 (1점)

따라서 남은 상자를 판 금액은 모두 ☐ 원입니다.

공책 한 권은 800원, 연필 8자루는 3200원입니다. 현주는 5000원으로 공책 한 권과 연필 한 자루를 샀습니다. 현주에게 남은 돈은 얼마인지 공책 한 권과 연필 한 자루의 값의 합을 이용한 하나의 식으로 나타내어 해결하려고 합니다. 풀이 과정을 쓰고, 답을 구하세요. (9점)

1단계 알고 있는 것 (1점)

공책 한 권의 값 : ☐ 원

연필 8자루의 값 : ☐ 원

2단계 구하려는 것 (1점)

☐ 원을 내고 공책 한 권과 연필 한 자루를 사고 ☐ 돈은 얼마인지 구하려고 합니다.

3단계 문제 해결 방법 (2점)

☐ 원에서 공책 한 권의 값과 연필 한 자루의 값의 (합 , 차)을(를) 구하여 (더합니다 , 뺍니다).

4단계 문제 풀이 과정 (3점)

(공책 한 권의 값) = ☐ 원이고, (연필 한 자루의 금액)

= ☐ ÷ ☐ (원)이므로 5000원으로 공책 한 권과 연필 한 자루를 사고 남은 돈을 공책 한 권과 연필 한 자루의 값의 합을 이용한 하나의 식으로 나타내면

(공책 한 권과 연필 한 자루를 사고 남은 돈)

= (가진 돈) − (공책 한 권과 연필 한 자루 값의 합)

= ☐ − (800 + ☐ ÷ ☐)

= ☐ − (800 + ☐)

= ☐ − ☐

= ☐ (원)입니다.

5단계 구하려는 답 (2점)

22

 **STEP 3** 스스로 풀어보기

 유형❹

1. 사과 2개는 3000원, 참외 8개는 9600원입니다. 사과 5개와 참외 3개를 사는 데 지폐로 15000원을 냈습니다. 거스름돈은 얼마인지 사과 5개와 참외 3개의 값의 합을 이용하여 구하려고 합니다. 풀이 과정을 쓰고, 답을 구하세요. 10점

풀이

(사과 한 개의 값) = ☐ ÷ 2(원)

(참외 한 개의 값) = 9600 ÷ ☐ (원)

사과 ☐ 개와 참외 ☐ 개를 샀을 때, 15000원을 내고 받아야 할 거스름돈은

(거스름돈) = (지불한 돈) − (사과 5개와 참외 3개의 값의 합)

= ☐ − (☐ ÷ 2 × 5 + 9600 ÷ ☐ × ☐)

= 15000 − (☐ + ☐) = 15000 − ☐

= ☐ (원)입니다.

답 _____

2. 무 한 개는 800원, 배추 3포기는 8400원입니다. 무 3개와 배추 5포기를 사는 데 20000원을 냈습니다. 거스름돈은 얼마인지 무 3개와 배추 5포기의 값의 합을 이용하여 구하려고 합니다. 풀이 과정을 쓰고, 답을 구하세요. (단, 하나의 식으로 나타낸 후 답을 구합니다.) 15점

풀이

답 _____

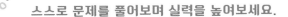
실력 다지기

1

나는 12살이고 언니는 나보다 5살 더 많습니다. 아버지의 나이는 언니의 나이의 4배보다 23살이 더 적습니다. 아버지의 나이는 몇 살인지 하나의 식을 만들어 구하려고 합니다. 풀이 과정을 쓰고, 답을 구하세요. (20점)

언니 나이를 먼저 구해요!

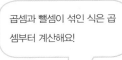
곱셈과 뺄셈이 섞인 식은 곱셈부터 계산해요!

풀이

답

2

워터파크에서 물놀이용 공 2000개를 5일 동안 입장객들에게 매일 똑같은 수만큼 나누어주려고 합니다. 첫날 오전에 어른 33명과 어린이 47명에게 공 2개씩을 나누어주었습니다. 첫날 오후에 나누어줄 수 있는 공은 모두 몇 개인지 어른 수와 어린이의 수의 합을 구하는 식을 이용한 하나의 식을 만들어 구하려고 합니다. 풀이 과정을 쓰고, 답을 구하세요. (20점)

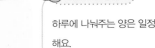
하루에 나눠주는 양은 일정해요.

하루에 나누어줄 수 있는 공의 개수를 먼저 구하는 것을 잊지 마세요!

풀이

답

③

창의융합

온도를 나타내는 단위에는 섭씨(℃)와 화씨(℉)가 있습니다. 화씨온도에서 32를 뺀 수에 5를 곱하고 9로 나누면 우리가 알고 있는 섭씨온도가 됩니다. 현재 기온이 86℉일 때 이것을 섭씨로 나타내면 몇 도(℃)인지 하나의 식을 만들어 구하려고 합니다. 풀이 과정을 쓰고, 답을 구하세요. (20점)

힌트로 해결 끝!

화씨온도를 이용한 섭씨 온도 구하는 식을 써 보세요.

풀이

답 _____

④

생활수학

영민이는 마트에서 한 개에 900원인 크림빵 5개와 단팥빵 4개를 사고 10000원을 냈습니다. 거스름돈으로 500원을 받았을 때, 단팥빵 한 개의 값이 얼마인지 하나의 식을 만들어 구하려고 합니다. 풀이 과정을 쓰고, 답을 구하세요. (20점)

힌트로 해결 끝!

단팥빵을 제외한 총 가격을 알아야 해요.

풀이

답 _____

거꾸로 풀며 나만의 문제를 완성해 보세요.

정답 및 풀이 > 5쪽

다음은 주어진 수와 낱말, 조건을 활용해서 만든 문제를 보고 풀이 과정과 답을 구한 것입니다. 어떤 문제였을까요? 거꾸로 문제 만들기, 도전해 볼까요? [15점]

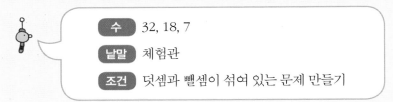

수	32, 18, 7
낱말	체험관
조건	덧셈과 뺄셈이 섞여 있는 문제 만들기

☆힌트☆
주어진 수들 중 가장 큰 수에서 더하고
빼요!

문제

풀이

VR체험관에 32명이 있었는데 1시간 후 18명이 나가고 7명이 들어왔으니

32에 18을 빼고 7을 더하여 구합니다.

따라서 (현재 VR체험관 안에 있는 사람 수)=32-(시간 후 나간 사람 수)

+(들어온 사람 수)=32-18+7=21(명)입니다.

답   21명

2. 약수와 배수

STEP 1 대표 문제 맛보기

다음 □ 안에 알맞은 수를 구하는 풀이 과정을 쓰고, 답을 구하세요. (8점)

> 36의 약수는 28의 약수보다 □개 더 많습니다.

1단계 알고 있는 것 (1점) 주어진 두 수 : ☐ , ☐

2단계 구하려는 것 (1점) □ 안에 알맞은 ☐ 를 구하려고 합니다.

3단계 문제 해결 방법 (2점) ☐ 은(는) 어떤 수를 나누어떨어지게 하는 수입니다.

4단계 문제 풀이 과정 (3점) 36의 약수는 ☐ , 2, 3, ☐ , 6, ☐ , 12, 18, ☐ 으로

☐ 개이고, 28의 약수는 1, ☐ , ☐ , 7, ☐ , 28로

☐ 개입니다. 그러므로 ☐ - ☐ = ☐ (개)입니다.

5단계 구하려는 답 (1점) 따라서 36의 약수는 28의 약수보다 ☐ 개 더 많습니다.

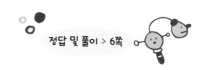

STEP 2 따라 풀어보기 ☆

다음 수 중에서 약수의 개수가 가장 많은 수를 구하려고 합니다. 풀이 과정을 쓰고, 답을 구하세요. (9점)

12   15   24   25   36

1단계 **알고 있는 것** (1점)   주어진 수 : 12, ☐ , 24, ☐ , 36

2단계 **구하려는 것** (1점)   주어진 수 중 ☐ 의 개수가 가장 많은 수를 구하려고 합니다.

3단계 **문제 해결 방법** (2점)   ☐ 은(는) 어떤 수를 나누어떨어지게 하는 수입니다.

4단계 **문제 풀이 과정** (3점)

12의 약수 : 1, 2, 3, 4, 6, 12 → 6 개

15의 약수 : ☐ → ☐ 개

24의 약수 : ☐ → ☐ 개

25의 약수 : ☐ → ☐ 개

36의 약수 : ☐ → ☐ 개

약수의 개수를 비교하면 ☐ > ☐ > ☐ > ☐

> ☐ 입니다.

5단계 **구하려는 답** (2점)

STEP 3 스스로 풀어보기 ☆

1. 다음 수들의 약수를 구하였을 때, 1과 자기 자신을 제외한 약수의 합이
가장 작은 수를 구하려고 합니다. 풀이 과정을 쓰고, 답을 구하세요. 10점

12, 16, 20

풀이

12의 약수는 | 1, 2, 3, 4, 6, 12 | 이고 1과 자기 자신을 제외한 약수의 합은

☐ + 3 + ☐ + 6 = ☐ 입니다. 16의 약수는 | | 이고, 1과 자기

자신을 제외한 약수의 합은 ☐ + ☐ + 8 = ☐ 입니다. 20의 약수는

| | 이고 1과 자기 자신을 제외한 약수의 합은 ☐ + 4 + ☐

+ ☐ = ☐ 입니다. 합을 비교하면 ☐ < ☐ < ☐ 이므로

1과 자기 자신을 제외한 약수의 합이 가장 작은 수는 ☐ 입니다.

답 _____

2. 다음 수들의 약수를 구하였을 때, 1과 자기 자신을 제외한 약수의 합이
가장 큰 수를 구하려고 합니다. 풀이 과정을 쓰고, 답을 구하세요. 15점

18, 22, 26

풀이

답 _____

STEP 1 대표 문제 맛보기

97보다 작은 6의 배수는 몇 개인지 구하려고 합니다. 풀이 과정을 쓰고, 답을 구하세요. (8점)

1단계 알고 있는 것 (1점)

주어진 수의 범위 : ☐ 보다 작은 수

구하려는 수 : ☐ 의 배수

2단계 구하려는 것 (1점)

☐ 보다 작은 ☐ 의 배수는 몇 개인지 구하려고 합니다.

3단계 문제 해결 방법 (2점)

97보다 작은 6의 배수의 개수를 구하려면 ☐ 까지의

☐ 의 배수를 구하는 것과 같으므로 ☐ 을 ☐ 으로

나눈 몫을 구합니다.

4단계 문제 풀이 과정 (3점)

6의 배수는 ☐ 을 1배, 2배, 3배, ……한 수로 ☐ , ☐ ,

☐ , ……과 같은 수입니다. 97보다 작은 6의 배수의 개수를

구하려면 ☐ 을 ☐ 으로 나눈 몫을 구합니다.

☐ ÷ 6 = ☐ 이므로 97보다 작은 6의 배수에는 6의

☐ 배인 수까지 포함됩니다.

5단계 구하려는 답 (1점)

따라서 97보다 작은 6의 배수는 ☐ 개입니다.

50보다 크고 101보다 작은 7의 배수는 모두 몇 개인지 구하려고 합니다. 풀이 과정을 쓰고, 답을 구하세요. (9점)

1단계 **알고 있는 것** (1점)

주어진 수의 범위 : ☐보다 크고 ☐보다 작은 수

구하려는 수 : ☐의 배수

2단계 **구하려는 것** (1점)

☐보다 크고 ☐보다 작은 ☐의 배수는 몇 개인지 구하려고 합니다.

3단계 **문제 해결 방법** (2점)

50보다 크고 101보다 작은 7의 배수를 구하려면 ☐부터 ☐까지의 7의 배수를 구하는 것과 같으므로 ☐까지 7의 배수의 개수에서 ☐까지 7의 배수의 개수를 (더합니다 , 뺍니다).

4단계 **문제 풀이 과정** (3점)

101보다 작은 7의 배수의 개수는 100 ÷ 7 = ☐ ··· ☐ 이므로 ☐개이고

1부터 50까지의 7의 배수의 개수는 50 ÷ 7 = ☐ ··· ☐ 이므로 ☐개입니다. 그러므로 ☐ − ☐ = ☐ (개)입니다.

5단계 **구하려는 답** (2점)

STEP 3 스스로 풀어보기

유형②

1. 다음을 보고 □-△를 구하려고 합니다. 풀이 과정을 쓰고, 답을 구하세요. (10점)

> 27의 배수를 작은 것부터 차례로 쓰면 27, □, 81, ······
> 이고 70보다 작은 12의 배수는 △개입니다.

풀이

27의 배수를 작은 것부터 차례로 쓰면 27, ☐ , 81, ······이므로 □ = ☐ 입니다.

70보다 작은 12의 배수는 ☐ , ☐ , ☐ , ☐ , ☐ 으로 ☐ 개,

△ = ☐ 입니다.

따라서 □ - △ = ☐ - ☐ = ☐ 입니다.

답 _____

2. 다음을 보고 ♥-★을 구하려고 합니다. 풀이 과정을 쓰고, 답을 구하세요. (15점)

> 18의 배수 중 가장 작은 수는 ★이고, 80보다 작은
> 10의 배수 중 가장 큰 수는 ♥입니다.

풀이

답 _____

☆ 공약수와 최대공약수

STEP 1 대표 문제 맛보기

바나나 40개와 키위 72개를 최대한 많은 바구니에 남김없이 똑같이 나누어 담으려고 합니다. 바나나와 키위는 최대 몇 개의 바구니에 나누어 담을 수 있는지 구하려고 합니다. 풀이 과정을 쓰고, 답을 구하세요. (8점)

1단계 알고 있는 것 (1점)

바나나의 수 : ⬚ 개   키위의 수 : ⬚ 개

2단계 구하려는 것 (1점)

바나나와 키위를 남김없이 ⬚ 나누어 담을 때 (최소 , 최대)
몇 개의 ⬚ 에 나누어 담을 수 있는지 구하려고 합니다.

3단계 문제 해결 방법 (2점)

40과 72의 공약수는 바나나와 키위를 똑같이 나누어 담을 수 있는
⬚ 수이고, 40과 72의 공약수 중 가장 (작은 , 큰) 수가
똑같이 나누어 담을 수 있는 최대 바구니 수이므로 40과 72의
(최소 , 최대)공약수를 구합니다.

4단계 문제 풀이 과정 (3점)

40과 72의 공약수는 1, 2, 4, ⬚ 이고, 최대공약수는 ⬚ 이므
로 바나나와 키위는 1개, 2개, ⬚ 개, ⬚ 개의 바구니에 똑같이
나누어 담을 수 있습니다. 이 중 바나나와 키위를 담을 수 있는 최대
바구니 수는 ⬚ 개입니다.

5단계 구하려는 답 (1점)

따라서 바나나와 키위는 최대 ⬚ 개의 바구니에 나누어 담을 수
있습니다.

STEP 2 따라 풀어보기 ☆

구슬 18개와 주사위 24개를 최대한 많은 상자에 남김없이 똑같이 나누어 담았을 때, 한 상자에 담을 수 있는 구슬과 주사위 수의 합은 몇 개인지 구하려고 합니다. 풀이 과정을 쓰고, 답을 구하세요. (9점)

1단계 알고 있는 것 (1점)

구슬의 수 : ☐ 개   주사위의 수 : ☐ 개

2단계 구하려는 것 (1점)

구슬과 주사위를 최대한 많은 ☐ 에 남김없이 똑같이 나누어 담았을 때, 한 상자에 담을 수 있는 구슬과 주사위 수의 (합 , 차)을(를) 구하려고 합니다.

3단계 문제 해결 방법 (2점)

18과 24의 (최소 , 최대)공약수가 구슬과 주사위를 똑같이 나누어 담을 수 있는 (최소 , 최대) 상자 수이므로 18과 24의 (최소 , 최대) 공약수를 구해, 한 상자에 담을 수 있는 구슬과 주사위 수를 구한 후 두 수를 (더합니다 , 뺍니다).

4단계 문제 풀이 과정 (3점)

18과 24의 최대공약수는 ☐ 입니다. 구슬 18개와 주사위 24개를 남김없이 똑같이 나누어 담을 수 있는 최대 상자 수는 ☐ 개이므로 한 상자에 담을 수 있는 구슬의 수는 18 ÷ ☐ = ☐ (개)이고 주사위의 수는 24 ÷ ☐ = ☐ (개)입니다.

5단계 구하려는 답 (2점)

STEP 3 스스로 풀어보기

1. 어떤 수로 46을 나누면 2가 남고, 27을 나누면 3이 남습니다. 어떤 수가 될 수 있는 수를 구하려고 합니다. 풀이 과정을 쓰고, 답을 구하세요. (10점)

풀이

어떤 수로 46을 나누면 □ 가 남고, 27을 나누면 □ 이 남으므로

어떤 수로 46 − 2 = □ 와 27 − 3 = □ 를 나누면 나누어떨어집니다.

44와 24를 나누어떨어지게 하는 수는 44와 24의 □ 이므로

두 수의 최대공약수인 4의 약수 1, □ , □ 이고 이 중 46을 나누면 □ 가 남고,

27을 나누면 □ 이 남는 수는 □ 입니다.

따라서 어떤 수가 될 수 있는 수는 □ 입니다.

답 _____

2. 어떤 수로 63을 나누면 7이 남고, 36을 나누면 4가 남습니다. 어떤 수가 될 수 있는 수를 구하려고 합니다. 풀이 과정을 쓰고, 답을 구하세요. (15점)

풀이

답 _____

핵심유형4

정답 및 풀이 > 8쪽

STEP 1 대표 문제 맛보기

다음 두 사람의 대화를 읽고 지연이가 설명하는 수를 모두 구하려고 합니다. 풀이 과정을 쓰고, 답을 구하세요. (8점)

> 지연 이 수는 12와 30의 공배수 중 하나야.
> 혁준 공배수는 무수히 많은데……
> 지연 더 들어봐. 이 수는 300보다 작아.
> 혁준 어! 알 것 같아.

1단계 알고 있는 것 (1점)

이 수는 [ ]와 30의 공배수이고, [ ]보다 작습니다.

2단계 구하려는 것 (1점)

[ ]이가 설명하는 수를 모두 구하려고 합니다.

3단계 문제 해결 방법 (2점)

12와 [ ]의 최소공배수의 배수가 12와 30의 [ ]임을 이용합니다.

4단계 문제 풀이 과정 (3점)

12의 배수는 12, 24, 36, 48, [ ], ……이고 30의 배수는 30, [ ], 90, …… 이므로 두 수의 최소공배수는 [ ]입니다. 두 수의 [ ]의 배수가 두 수의 공배수와 같으므로 12와 30의 공배수 중 300보다 작은 수는 [ ], [ ], [ ], [ ]입니다.

5단계 구하려는 답 (1점)

따라서 지연이가 설명하는 수를 모두 구하면 [ ], [ ], [ ], [ ]입니다.

두 수 ㉠과 ㉡의 최소공배수는 24이고, 두 수 ㉢과 ㉣의 최소공배수는 32입니다. 두 수 ㉠과 ㉡, ㉢과 ㉣의 공배수 중 공통인 가장 작은 수를 구하려고 합니다. 풀이 과정을 쓰고, 답을 구하세요. (9점)

1단계 알고 있는 것 (1점)

두 수 ㉠과 ㉡의 최소공배수 : ☐

두 수 ㉢과 ㉣의 최소공배수 : ☐

2단계 구하려는 것 (1점)

두 수 ㉠과 ㉡, ㉢과 ㉣의 공배수 중 공통인 가장 (큰 , 작은) 수를

구하려고 합니다.

3단계 문제 해결 방법 (2점)

두 수의 최소공배수의 배수가 두 수의 ☐ 임을 이용합니다.

4단계 문제 풀이 과정 (3점)

두 수 ㉠과 ㉡의 최소공배수는 ☐ 이므로 ㉠과 ㉡의 공배수는

24, 48, ☐ , ☐ , ……이고, 두 수 ㉢과 ㉣의 최소공배수

는 ☐ 이므로 ㉢과 ㉣의 공배수는 32, ☐ , ☐ , ……

입니다.

5단계 구하려는 답 (2점)

STEP 3 스스로 풀어보기 ☆

유형 4

1. 가로가 4 cm, 세로가 6 cm인 직사각형 모양 색종이를 이용하여 가장 작은 정사각형을 만들려고 합니다. 직사각형 모양 색종이는 모두 몇 장이 필요한지 풀이 과정을 쓰고, 답을 구하세요. (10점)

풀이

크기가 가장 (큰 , 작은) 정사각형의 한 변의 길이는 직사각형 모양 색종이의

가로, ▢의 ▢▢▢▢와 같습니다. 4와 ▢의 최소공배수는 ▢이므로

가장 작은 정사각형의 한 변의 길이는 ▢ cm입니다. 따라서 가장 (큰, 작은) 정사각형을

만들 때 직사각형 모양 색종이는 가로로 12 ÷ ▢ = ▢ (장), 세로로 12 ÷ ▢

= ▢ (장)이 필요하므로 모두 ▢ × ▢ = ▢ (장)이 필요합니다.

답 _____

2. 가로가 12 cm, 세로가 8 cm인 직사각형 모양 조각을 이용하여 가장 작은 정사각형을 만들려고 합니다. 직사각형 모양 조각은 모두 몇 개 필요한지 풀이 과정을 쓰고, 답을 구하세요. (15점)

풀이

답 _____

스스로 문제를 풀어보며 실력을 높여보세요.

1 유형❶+❷

다음 조건을 모두 만족하는 수를 구하려고 합니다. 풀이 과정을 쓰고, 답을 구하세요. (20점)

- 1부터 55까지의 자연수 중에서 3으로 나누어도, 5로 나누어도 나누어떨어지는 수입니다.
- 약수가 6개인 수입니다.

풀이

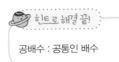 힌트로 해결 끝!

공배수 : 공통인 배수

약수 : 어떤 수를 나누어떨어지게 하는 수

답

2 유형❸+❹

어떤 두 수의 최대공약수는 15이고, 최소공배수는 180입니다. 두 수 중 한 수가 45일 때, 다른 한 수를 구하려고 합니다. 풀이 과정을 쓰고, 답을 구하세요. (20점)

풀이

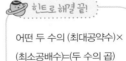 힌트로 해결 끝!

어떤 두 수의 (최대공약수)×(최소공배수)=(두 수의 곱)

답

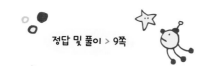

3 생활수학

서로 맞물려 돌아가는 두 톱니바퀴가 있습니다. 두 톱니바퀴의 톱니 수가 각각 24개와 42개일 때, 두 톱니바퀴가 처음으로 다시 같은 톱니에서 맞물릴 때까지 돌아간 톱니는 몇 개인지 구하려고 합니다. 풀이 과정을 쓰고, 답을 구하세요. (20점)

힌트로 해결 끝!

최소공배수의 활용
－가능한 한 적은
－가장 작은
－최소한
－다시 만나는

풀이

답

4 창의융합

크기가 같은 정사각형 모양의 헝겊 72장을 겹치지 않게 이어 붙여 직사각형 모양의 조각보를 만들려고 합니다. 만들 수 있는 조각보의 종류는 몇 가지인지 풀이 과정을 쓰고, 답을 구하세요. (단, 뒤집거나 돌렸을 때 같은 모양은 한 가지로 생각합니다.) (20점)

힌트로 해결 끝!

두 수의 곱으로 72의 약수를 구하는 방법을 활용해요.

풀이

답

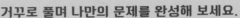

나만의 문제 만들기

거꾸로 풀며 나만의 문제를 완성해 보세요.

다음은 주어진 수와 낱말, 조건을 활용해서 만든 문제를 보고 풀이 과정과 답을 구한 것입니다.
어떤 문제였을까요? 거꾸로 문제 만들기, 도전해 볼까요? 15점

수 77, 44

낱말 약수

조건 약수의 개수를 비교하는 문제

☆힌트☆
각각의 약수를 먼저 구해요

문제

풀이

77의 약수는 1, 7, 11, 77로 4개이고 44의 약수는 1, 2, 4, 11, 22, 44로 6개입니다.

4<6이므로 약수의 개수가 더 많은 수는 44입니다.

답 44

3. 규칙과 대응

☆⭐ 두 양 사이의 관계

STEP 1 대표 문제 맛보기

다음과 같은 규칙으로 모양을 만들고 있습니다. 파란색 사각형이 10개일 때, 노란색 사각형은 몇 개가 필요한지 구하려고 합니다. 풀이 과정을 쓰고, 답을 구하세요. 8점

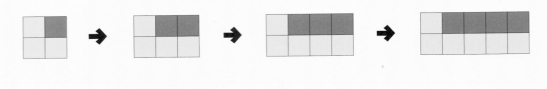

1단계 알고 있는 것 1점

규칙에 따라 만들어진 모양을 알고 있습니다. (직접 색칠해 보세요.)

2단계 구하려는 것 1점

파란색 사각형이 ☐개일 때, ☐ 사각형은 몇 개가 필요한지 구하려고 합니다.

3단계 문제 해결 방법 2점

변하지 ☐ 부분과 변하는 부분을 찾아 ☐ 관계를 나타냅니다.

4단계 문제 풀이 과정 3점

가장 왼쪽에 ☐ 사각형 ☐ 개를 놓고 오른쪽으로 파란색과 노란색을 ☐ 개씩 놓습니다. 파란색, 노란색이 (오른쪽 , 왼쪽)으로 한 줄씩 늘어나므로 ☐ 은 파란색보다 ☐ 개가 더 (적습니다 , 많습니다).

5단계 구하려는 답 1점

따라서 파란색 사각형이 10개일 때 노란색 사각형은 ☐ + ☐ = ☐ (개)가 필요합니다.

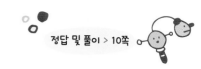

STEP 2 따라 풀어보기

다음 그림을 보고 사각형이 20개일 때 삼각형의 수를 구하려고 합니다. 풀이 과정을 쓰고, 답을 구하세요. (9점)

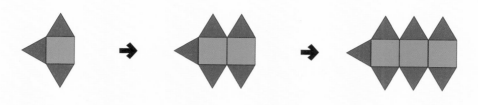

1단계 알고 있는 것 (1점)   규칙에 따라 만들어진 모양을 알고 있습니다. (직접 색칠해 보세요.)

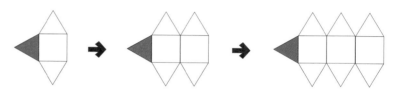

2단계 구하려는 것 (1점)   사각형이 [ ]개일 때 [   ]의 수를 구하려고 합니다.

3단계 문제 해결 방법 (2점)   변하지 [ ] 부분과 변하는 부분을 찾아 [ ] 관계를 나타냅니다.

4단계 문제 풀이 과정 (3점)   가장 왼쪽에 삼각형 [ ]개는 변하지 않고 사각형 한 개와 삼각형 [ ]개가 늘어납니다. 늘어나는 사각형과 삼각형의 관계를 살펴보면 삼각형의 수는 사각형의 수의 [ ]배이므로 삼각형의 수는 항상 사각형의 수의 [ ]배보다 [ ]개 더 많습니다.

5단계 구하려는 답 (2점)

1. 다음 그림을 보고 나무 도막을 자른 횟수와 도막 수 사이의 대응 관계를 표로 나타내고 2가지 방법으로 설명하려고 합니다. 풀이 과정을 쓰고, 답을 구하세요. 10점

1번

2번

3번

풀이

나무 도막을 자른 [ ]와 도막 수 사이의 대응 관계를 [ ]로 나타내면 다음과 같습니다.

자른 횟수(번)	1	2	3
도막 수(도막)			

[방법1] 나무 도막을 자른 횟수에 [ ]을 더하면 도막 수와 같습니다.

[방법2] 도막 수에서 [ ]을 빼면 나무 도막을 자른 횟수와 같습니다.

정답 및 풀이 > 10쪽

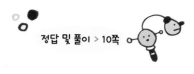

2. 식탁 한 개에 의자 6개를 놓을 수 있습니다. 식탁의 수와 의자의 수 사이의 대응 관계를 표로 나타 내고 2가지 방법으로 설명하려고 합니다. 풀이 과정을 쓰고, 답을 구하세요. 15점

풀이

STEP 1 대표 문제 맛보기

학생 한 명이 하루에 마시는 우유의 양은 200 mL입니다. 학생의 수를 □, 마시는 우유의 양을 △라 할 때 □와 △ 사이의 대응 관계를 식으로 나타내려고 합니다. 풀이 과정을 쓰고, 답을 구하세요. (8점)

1단계 알고 있는 것 (1점)

학생 한 명이 하루에 마시는 우유의 양 : ⬚ mL

학생의 수 : □   마시는 우유의 양 : ⬚

2단계 구하려는 것 (1점)

학생의 수를 □, 마시는 우유의 양을 ⬚ 라 할 때 □와 ⬚ 사이의

⬚ 관계를 식으로 나타내려고 합니다.

3단계 문제 해결 방법 (2점)

□와 △ 사이의 ⬚ 관계를 찾아 식으로 나타냅니다.

4단계 문제 풀이 과정 (3점)

학생 한 명이 하루에 ⬚ mL의 우유를 마시므로 학생이 한 명

이 (줄어들 , 늘어날) 때마다 우유는 ⬚ mL씩 늘어나므로

⬚ 에 □를 곱하면 ⬚ 와 같고, △를 ⬚ 으로 나누면

⬚ 와 같습니다.

5단계 구하려는 답 (1점)

따라서 □와 △사이의 대응 관계를 식으로 나타내면 ⬚ =△

또는 ⬚ =□입니다.

STEP 2 따라 풀어보기

여학생 2명과 남학생 4명이 한 모둠을 이루고 있습니다. 모둠 수를 ★, 학생 수를 ♥라 할 때 모둠 수와 학생 수 사이의 대응 관계를 식으로 나타내려고 합니다. 풀이 과정을 쓰고, 답을 구하세요. (9점)

1단계 알고 있는 것 (1점)

한 모둠의 학생 수 : 여학생 [ ]명, 남학생 [ ]명

모둠 수 : (★ , ♥)　　학생 수 (★ , ♥)

2단계 구하려는 것 (1점)

모둠 수를 ★, 학생 수를 ♥라 할 때 [ ] 수와 학생 수 사이의

[ ] 관계를 식으로 나타내려고 합니다.

3단계 문제 해결 방법 (2점)

★과 ♥ 사이의 [ ] 관계를 찾아 식으로 나타냅니다.

4단계 문제 풀이 과정 (3점)

한 모둠의 학생 수는 (여학생 수) + (남학생 수) = [ ] + [ ]

= [ ] (명)입니다. 한 모둠 늘어날 때마다 학생 수는 [ ]명씩

늘어나므로 [ ]에 ★을 곱하면 ♥와 같고, ♥를 [ ]으로 나누면

★과 같습니다.

5단계 구하려는 답 (2점)

123 이것만 알면 문제 해결 OK!

🖤 **대응 관계를 식으로 나타내기**

두 양 사이의 대응 관계를 간단하게 식으로 나타냅니다.

각 양을 ■, ▲, ♥, ★ 등과 같은 기호로 표현할 수 있습니다.

1. ♣와 ◆ 사이의 대응 관계를 식으로 나타내면 ♣×3−2=◆입니다. ♣가 5일 때의 ◆ 값과 ◆가 19일 때의 ♣ 값을 차례로 구하려고 합니다. 풀이 과정을 쓰고, 답을 구하세요. (10점)

풀이

♣×3−2=◆에서 ♣가 ☐ 일 때 ☐ ×3− ☐ = ☐ 이므로

◆= ☐ 입니다.

♣×3−2=◆에서 ♣=(◆+2)÷3 이므로 ◆가 ☐ 일 때

♣=(☐ +2)÷ ☐ = ☐ 입니다.

따라서 구하려는 값을 차례로 쓰면 ☐ , ☐ 입니다.

답 _____

2. ♠와 ♥ 사이의 대응 관계를 식으로 나타내면 12÷♠+3=♥입니다. ♠=4일 때의 ♥ 값과 ♥=7일 때의 ♠ 값을 차례로 구하려고 합니다. 풀이 과정을 쓰고, 답을 구하세요. (15점)

풀이

답 _____

핵심유형 ③

☆ 생활 속 대응 관계

정답 및 풀이 > 11쪽

STEP 1 대표 문제 맛보기

준영이와 친구들이 주말에 영화를 보러 영화관에 갔습니다. 한 사람이 내야 할 입장료가 7000원일 때, 사람 수와 내야 할 입장료 사이의 대응 관계를 식으로 나타냈을 때 □ 안에 알맞은 수와 4명이 내야 할 입장료는 얼마인지 구하려고 합니다. 풀이 과정을 쓰고, 답을 구하세요. (8점)

□×(사람 수)=(내야 하는 입장료)

1단계 알고 있는 것 (1점)

한 사람이 내야 할 입장료 : ☐ 원

2단계 구하려는 것 (1점)

□ 안에 알맞은 수와 ☐ 명이 내야 할 ☐ 는 얼마인지 구하려고 합니다.

3단계 문제 해결 방법 (2점)

☐ 수와 내야 하는 ☐ 사이의 ☐ 관계를 찾아 식으로 나타냅니다.

4단계 문제 풀이 과정 (3점)

사람 수가 한 명씩 늘어날 때마다 내야 할 입장료는 7000원씩 늘어나므로 □ = ☐ 입니다.

4명이 내야 할 입장료는 7000 × ☐ = ☐ (원)입니다.

5단계 구하려는 답 (1점)

따라서 □ 안에 알맞은 수는 ☐ 이고 4명이 내야 할 입장료는 ☐ 원입니다.

다음을 읽고 □와 ★에 들어갈 수의 합을 구하려고 합니다. 풀이 과정을 쓰고, 답을 구하세요. (9점)

> 과자 한 봉지의 값은 850원입니다. 과자 봉지의 수와 과자 값 사이의 대응 관계를 식으로 나타내면 □×(과자 봉지의 수)=(과자 값)이고 ★봉지를 샀을 때 과자의 값은 모두 8500원입니다.

1단계 알고 있는 것 (1점)

과자 한 봉지의 값 : ☐ 원

대응 관계를 나타낸 식 : □×(과자 봉지의 수)＝(과자 값)

★봉지를 샀을 때 과자의 값 : ☐ 원

2단계 구하려는 것 (1점)

□와 ☐ 에 들어갈 수의 (합 , 차)을(를) 구하려고 합니다.

3단계 문제 해결 방법 (2점)

과자 한 봉지의 값에 과자 봉지의 수를 (곱하면 , 나누면) 과자 값을 구할 수 있습니다. 과자 값을 과자 한 봉지의 값으로 (곱하면 , 나누면) 과자 봉지의 수를 구할 수 있습니다.

4단계 문제 풀이 과정 (3점)

(과자 한 봉지의 값)×(과자 봉지의 수)＝(과자 값)이므로

☐ ×(과자 봉지의 수)＝(과자 값)입니다. → □＝☐

(과자 값)÷(과자 한 봉지의 값)＝(과자 봉지의 수)이므로

8500÷☐＝☐ 입니다. → ★＝☐

□＋★＝☐＋☐＝☐ 입니다.

5단계 구하려는 답 (2점)

STEP 3 스스로 풀어보기

1. 사진 한 장을 벽에 붙일 때 필요한 누름못의 수는 4개입니다. 사진의 수와 누름못의 수 사이의 대응 관계를 식으로 나타내고, 사진 15장을 붙일 때 필요한 누름못은 몇 개인지 구하려고 합니다. 풀이 과정을 쓰고, 답을 구하세요. (10점)

풀이

[ ] 한 장을 벽에 붙일 때마다 누름못의 수는 [ ] 개씩 늘어나므로

사진의 수와 누름못의 수 사이의 대응 관계를 [ ] 으로 나타내면

[ ] ×(사진의 수)=([ ] 의 수)이고, 사진 [ ] 장을 붙일 때

필요한 누름못의 수는 4 × [ ] = [ ] (개)입니다.

답 _____

2. 구슬 12개로 팔찌 한 개를 만들 수 있습니다. 구슬 수와 팔찌 수 사이의 대응 관계를 식으로 나타내고, 팔찌 23개를 만들 때 필요한 구슬 수는 몇 개인지 구하려고 합니다. 풀이 과정을 쓰고, 답을 구하세요. (15점)

풀이

답 _____

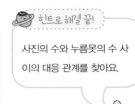 힌트로 해결 끝!

사진의 수와 누름못의 수 사이의 대응 관계를 찾아요.

벽에 사진을 그림과 같이 이어 붙이려고 합니다. 사진의 수를 △, 누름못의 수를 □라 할 때, □와 △ 사이의 대응 관계를 □를 구하는 식으로 나타내려고 합니다. 풀이 과정을 쓰고, 답을 구하세요. 20점

 풀이

답 _____

2 창의융합

힌트로 해결 끝!

수 카드의 수와 모양 조각의
수 사이의 대응 관계를 찾아요.

수 카드의 수와 모양 조각을 이용하여 만든 대응 관계를 보고 수 카드의 수를
★, 모양 조각의 수를 ▲라 할 때, ★과 ▲ 사이의 대응 관계를 2가지 식으로 나
타내려고 합니다. 풀이 과정을 쓰고, 답을 구하세요. 20점

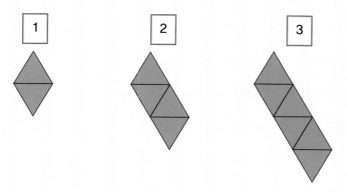

1 2 3 ...

풀이

답 _____

3

힌트로 해결 끝!

배열 순서와 공깃돌의 수 사이의 대응 관계를 찾아요.

공기 놀이를 하다가 배열 순서에 따라 공깃돌을 다음과 같이 규칙적으로 늘어 놓았습니다. 7번째 놓을 공깃돌의 수는 몇 개인지 구하려고 합니다. 풀이 과정을 쓰고, 답을 구하세요. (20점)

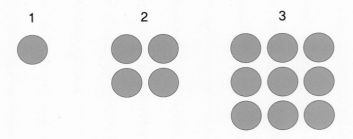

답

 4

창의융합

사각형 조각으로 모양 만들기를 하였습니다. 위에는 배열 순서를 나타내는 수 카드를 놓고 그 아래에 사각형 조각을 놓아 만든 것입니다. 예순째에 놓을 사각형의 수는 모두 몇 개인지 구하려고 합니다. 풀이 과정을 쓰고, 답을 구하세요. (20점)

힌트로 해결 끝!

변하지 않는 부분과 변하는 부분을 찾아요.

예순은 60이에요.

①   ②   ③   ④   ...

 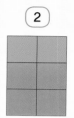  

 풀이

답 _____

거꾸로 풀며 나만의 문제를 완성해 보세요.

다음 주어진 수와 낱말을 보고 만든 문제를 보고 풀이 과정과 답을 구한 것입니다. 어떤 문제였을까요? 거꾸로 문제 만들기, 도전해 볼까요? 15점

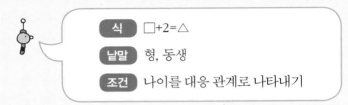

식 □+2=△

낱말 형, 동생

조건 나이를 대응 관계로 나타내기

☆힌트☆
대응 관계 식을 이용해 상황을 만들게 하는 문제를 써 보아요

문제

풀이

형의 나이를 △, 동생의 나이를 □라 하면 대응 관계를 나타낸 식을 보고,

식에 알맞은 상황을 만들면 형의 나이(△)는 동생 나이(□)보다 2살이 더 많습니다.

답 형의 나이(△)는 동생 나이(□)보다 2살이 더 많습니다.

4. 약분과 통분

STEP 1 대표 문제 맛보기

다음을 보고 ㉠+㉡+㉢을 구하려고 합니다. 풀이 과정을 쓰고, 답을 구하세요. [8점]

$$\frac{11}{12} = \frac{11 \times ㉠}{12 \times ㉡} = \frac{㉢}{108}$$

1단계 알고 있는 것 [1점]

주어진 식 : $\dfrac{11}{\boxed{}} = \dfrac{\boxed{} \times ㉠}{12 \times ㉡} = \dfrac{㉢}{\boxed{}}$

2단계 구하려는 것 [1점]

㉠ + $\boxed{}$ + $\boxed{}$ 을 구하려고 합니다.

3단계 문제 해결 방법 [2점]

분모와 분자에 각각 $\boxed{}$ 이 아닌 (같은 , 다른) 수를 곱하여 크기가 (같은 , 다른) 분수를 만듭니다.

4단계 문제 풀이 과정 [3점]

$\dfrac{11}{12} = \dfrac{11 \times ㉠}{12 \times ㉡} = \dfrac{㉢}{108}$ 에서 분모 12에 $\boxed{}$ 를 곱하면 108이 되므로

$\dfrac{11}{12}$ 의 분모와 분자에 각각 $\boxed{}$ 를 곱한 것입니다.

따라서 $\dfrac{11}{12} = \dfrac{11 \times \boxed{}}{12 \times \boxed{}} = \dfrac{\boxed{}}{108}$ 이므로 ㉠ = $\boxed{}$, ㉡ = $\boxed{}$,

㉢ = $\boxed{}$ 입니다.

→ ㉠ + ㉡ + ㉢ = $\boxed{}$ + $\boxed{}$ + $\boxed{}$ = $\boxed{}$

5단계 구하려는 답 [1점]

따라서 ㉠ + ㉡ + ㉢은 $\boxed{}$ 입니다.

STEP 2 따라 풀어보기 ☆

다음을 보고 ㄱ+ㄴ을 구하려고 합니다. 풀이 과정을 쓰고, 답을 구하세요. (9점)

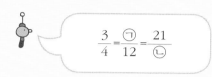

$$\frac{3}{4} = \frac{㉠}{12} = \frac{21}{㉡}$$

1단계 알고 있는 것 (1점) 주어진 식 : $\dfrac{3}{\boxed{}} = \dfrac{㉠}{12} = \dfrac{\boxed{}}{㉡}$

2단계 구하려는 것 (1점) ㉠+$\boxed{}$ 을 구하려고 합니다.

3단계 문제 해결 방법 (2점) 분모와 분자에 각각 $\boxed{}$ 이 아닌 (같은 , 다른) 수를 곱하여 크기가

(같은 , 다른) 분수를 만듭니다.

4단계 문제 풀이 과정 (3점) $\dfrac{3}{4} = \dfrac{㉠}{12} = \dfrac{21}{㉡}$ 에서 분모 4에 $\boxed{}$ 을 곱하면 $\boxed{}$ 가 되고 분자

3에 7을 곱하면 21이 되므로 $\dfrac{3}{4} = \dfrac{3 \times \boxed{}}{4 \times \boxed{}} = \dfrac{\boxed{}}{12}$ 이고

$\dfrac{3}{4} = \dfrac{3 \times \boxed{}}{4 \times \boxed{}} = \dfrac{21}{\boxed{}}$ 입니다.

따라서 ㉠=$\boxed{}$, ㉡=$\boxed{}$ 입니다.

→ ㉠+㉡=$\boxed{}$ + $\boxed{}$ = $\boxed{}$

5단계 구하려는 답 (2점)

123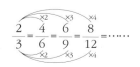

이것만 알면 문제 해결 OK!

📌 **크기가 같은 분수 만들기**

분모와 분자에 각각 0이 아닌 같은 수를 곱하면 크기가 같은 분수가 됩니다.

$$\frac{2}{3} = \frac{4}{6} = \frac{6}{9} = \frac{8}{12} = \cdots\cdots$$

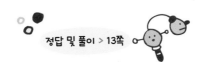

STEP 3 스스로 풀어보기 유형 1

1. $\dfrac{60}{96}$ 과 크기가 같은 분수 중에서 분모가 20보다 크고 50보다 작은 수는 모두 몇 개인지 구하려고 합니다. 풀이 과정을 쓰고, 답을 구하세요. (10점)

풀이

□ 의 분모와 분자를 똑같이 12로 나누면 $\dfrac{60}{96}$ 은 □ 와(과) 크기가 같은 분수입니다.

$\dfrac{5}{8}$ 와 크기가 같은 분수는 $\dfrac{5}{8}$ = □ = □ = □ = $\dfrac{25}{40}$ = □ = $\dfrac{35}{56}$ ……

이므로 분모가 20보다 크고 50보다 작은 수는 □ , □ , □ , □ (으)로

모두 □ 개입니다.

답 _____

2. $\dfrac{24}{120}$ 와 크기가 같은 분수 중에서 분모가 20보다 크고 40보다 작은 수는 모두 몇 개인지 구하려고 합니다. 풀이 과정을 쓰고, 답을 구하세요. (15점)

 풀이

답 _____

STEP 1 대표 문제 맛보기

분모가 12인 진분수 중에서 기약분수는 모두 몇 개인지 구하려고 합니다. 풀이 과정을 쓰고, 답을 구하세요. (8점)

1단계 알고 있는 것 (1점)

분수의 분모 : ◻

2단계 구하려는 것 (1점)

분모가 ◻ 인 (진분수 , 가분수) 중에서 ◻ 는 모두 몇 개인지 구하려고 합니다.

3단계 문제 해결 방법 (2점)

기약분수는 분모와 분자의 (공약수 , 공배수)가 1뿐인 분수입니다.

4단계 문제 풀이 과정 (3점)

분모가 12인 진분수는 ◻ , ◻ , ◻ , …… , $\dfrac{10}{12}$,

◻ 입니다. 기약분수는 분모와 분자의 공약수가 ◻ 뿐인

분수이므로 분모가 12인 진분수 중에서 기약분수는 ◻ ,

◻ , ◻ , ◻ 입니다.

5단계 구하려는 답 (1점)

따라서 분모가 12인 진분수 중에서 기약분수는 모두 ◻ 개입니다.

분자가 10인 가분수 중에서 기약분수는 모두 몇 개인지 구하려고 합니다. 풀이 과정을 쓰고, 답을 구하세요. (단, 분모가 1인 경우는 제외합니다.) 9점

1단계 알고 있는 것 1점   분수의 분자 : ☐

2단계 구하려는 것 1점   분자가 ☐ 인 (진분수 , 가분수) 중에서 ☐ 는 모두 몇 개인지 구하려고 합니다.

3단계 문제 해결 방법 2점   기약분수는 분모와 분자의 (공약수 , 공배수)가 1뿐인 분수입니다.

4단계 문제 풀이 과정 3점   분자가 10인 가분수는 $\dfrac{10}{\square}$, $\dfrac{10}{\square}$, $\dfrac{10}{\square}$, $\dfrac{10}{\square}$, $\dfrac{10}{\square}$, $\dfrac{10}{\square}$,

$\dfrac{10}{\square}$, $\dfrac{10}{\square}$ 입니다. 이 중 기약분수는 분모와 분자의 공약수가 1뿐인 분수이므로 ☐ , ☐ , ☐ 입니다.

5단계 구하려는 답 2점

약분과 기약분수 알아보기

- 약분 : 분모와 분자를 공약수로 나누어 간단한 분수로 만드는 것을 '약분한다'고 합니다.

$\dfrac{4}{16} = \dfrac{4 \div 2}{16 \div 2} = \dfrac{2}{8}$ $\dfrac{4}{16} = \dfrac{4 \div 4}{16 \div 4} = \dfrac{1}{4}$ $\dfrac{\overset{2}{\cancel{4}}}{\underset{8}{\cancel{16}}} = \dfrac{2}{8}$ $\dfrac{\overset{1}{\cancel{4}}}{\underset{4}{\cancel{16}}} = \dfrac{1}{4}$

- 기약분수 : 분모와 분자의 공약수가 1뿐인 분수를 '기약분수'라고 합니다.

$\dfrac{\overset{2}{\cancel{4}}}{\underset{6}{\cancel{12}}} = \dfrac{\overset{1}{\cancel{2}}}{\underset{3}{\cancel{6}}} = \dfrac{1}{3}$

STEP 3 스스로 풀어보기 ☆

1. $\frac{16}{48}$ 을 약분한 분수는 모두 몇 가지인지 구하려고 합니다. 풀이 과정을 쓰고, 답을 구하세요.

(단, 분모와 분자를 1로는 나누지 않습니다.) (10점)

풀이

$\frac{16}{48}$ 을 약분하려면 ☐ 와 분자를 그들의 ☐ 로 나누어야 합니다.

☐ 와(과) 16의 공약수는 ☐ , ☐ , ☐ , ☐ , ☐ 이고,

1을 제외하고 $\frac{16}{48}$ 을 약분할 수 있는 수는 ☐ 개입니다.

따라서 $\frac{16}{48}$ 을 약분한 분수는 모두 ☐ 가지입니다.

답 _____

2. $\frac{36}{54}$ 을 약분한 분수는 모두 몇 가지인지 구하려고 합니다. 풀이 과정을 쓰고, 답을 구하세요.

(단, 분모와 분자를 1로는 나누지 않습니다.) (15점)

풀이

답 _____

 **대표 문제 맛보기**

$\dfrac{7}{8}$과 $\dfrac{5}{12}$를 통분할 때 두 자리 수 중에서 가장 큰 공통분모를 구하려고 합니다. 풀이 과정을 쓰고, 답을 구하세요. (8점)

1단계 알고 있는 것 (1점)

통분할 두 분수 : $\dfrac{7}{8}$, $\boxed{}$

2단계 구하려는 것 (1점)

$\dfrac{7}{8}$과 $\dfrac{5}{12}$를 통분할 때 (두 , 세) 자리 수 중에서 가장 (작은 , 큰) 공통분모를 구하려고 합니다.

3단계 문제 해결 방법 (2점)

두 분수의 분모의 (공약수 , 공배수)는 모두 공통분모가 될 수 있습니다.

4단계 문제 풀이 과정 (3점)

분모 8과 12의 (공약수 , 공배수)는 모두 공통분모가 될 수 있습니다.

8과 12의 (최대공약수 , 최소공배수)가 $\boxed{}$ 이므로 $\boxed{}$ 의

배수는 모두 공통분모입니다. $\dfrac{7}{8}$과 $\dfrac{5}{12}$를 통분할 때 공통분모는

$\boxed{}$, $\boxed{}$, $\boxed{}$, $\boxed{}$, 120……입니다.

5단계 구하려는 답 (1점)

따라서 두 자리 수 중에서 가장 큰 공통분모는 $\boxed{}$ 입니다.

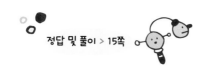

STEP 2 따라 풀어보기 ☆

$\dfrac{29}{36}$와 $\dfrac{23}{27}$을 통분할 때 세 자리 수 중에서 가장 큰 공통분모를 구하려고 합니다. 풀이 과정을 쓰고, 답을 구하세요. (9점)

1단계 알고 있는 것 (1점)　통분할 두 분수 : ☐ , ☐

2단계 구하려는 것 (1점)　$\dfrac{29}{36}$와 $\dfrac{23}{27}$을 통분할 때 (두 , 세) 자리 수 중에서 가장 (작은 , 큰) 공통분모를 구하려고 합니다.

3단계 문제 해결 방법 (2점)　두 분수의 분모의 (공약수 , 공배수)는 모두 공통분모가 될 수 있습니다.

4단계 문제 풀이 과정 (3점)　분모 36과 27의 (공약수 , 공배수)는 모두 공통분모가 될 수 있습니다. 36과 27의 (최대공약수 , 최소공배수)가 ☐ 이므로

☐ 의 배수는 모두 공통분모이고 세 자리 수 중 가장 큰 수는

☐ 의 9배인 ☐ 입니다.

5단계 구하려는 답 (2점)

123
이것만 알면
문제해결 OK!

📌 **통분 알아보기**

• 통분: 분수의 분모를 같게 하는 것을 통분한다고 하고, 통분한 분모를 공통분모라고 합니다.

$$\left(\dfrac{2}{8},\ \dfrac{3}{5}\right) \rightarrow \left(\dfrac{2\times5}{8\times5},\ \dfrac{3\times8}{5\times8}\right) \rightarrow \left(\dfrac{10}{40},\ \dfrac{24}{40}\right)$$

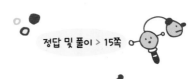

STEP 3 스스로 풀어보기

1. $\frac{3}{8}$ 과 $\frac{7}{12}$ 을 가장 작은 공통분모로 통분하였을 때, 분자끼리의 합을 구하려고 합니다. 풀이 과정을 쓰고, 답을 구하세요. (10점)

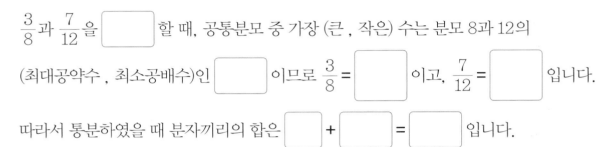

$\frac{3}{8}$ 과 $\frac{7}{12}$ 을 ☐ 할 때, 공통분모 중 가장 (큰 , 작은) 수는 분모 8과 12의

(최대공약수 , 최소공배수)인 ☐ 이므로 $\frac{3}{8}$ = ☐ 이고, $\frac{7}{12}$ = ☐ 입니다.

따라서 통분하였을 때 분자끼리의 합은 ☐ + ☐ = ☐ 입니다.

답 _____

2. $\frac{11}{20}$ 과 $\frac{18}{35}$ 을 가장 작은 공통분모로 통분하였을 때, 분자끼리의 차를 구하려고 합니다. 풀이 과정을 쓰고, 답을 구하세요. (15점)

답 _____

STEP 1 대표 문제 맛보기

배추 한 포기의 무게는 $\dfrac{5}{6}$ kg이고, 무 한 개의 무게는 $\dfrac{7}{9}$ kg입니다. 배추 한 포기와 무 한 개 중 더 무거운 것은 어느 것인지 풀이 과정을 쓰고, 답을 구하세요. (8점)

1단계 알고 있는 것 (1점)

배추 한 포기의 무게 : ☐ kg　　무 한 개의 무게 : ☐ kg

2단계 구하려는 것 (1점)

☐ 한 포기와 무 한 개 중 더 (가벼운 , 무거운) 것은 어느 것인지 구하려고 합니다.

3단계 문제 해결 방법 (2점)

☐ 와 $\dfrac{7}{9}$ 중 더 (큰 , 작은) 분수를 구합니다. 분모가 다를 때, (약분 , 통분)하여 분모를 같게 하고 분자를 비교해 분자가 더 (큰, 작은) 분수를 찾습니다.

4단계 문제 풀이 과정 (3점)

$\dfrac{5}{6}$ 와 ☐ 을 분모 6과 9의 최소공배수인 ☐ 을 공통분모로 하여 (약분 , 통분)하면 ☐ 와 $\dfrac{14}{18}$ 입니다.

☐ (> , = , <) $\dfrac{14}{18}$ 이므로 ☐ (> , = , <) $\dfrac{7}{9}$ 입니다.

5단계 구하려는 답 (1점)

따라서 (배추 한 포기 , 무 한 개)가 더 무겁습니다.

영현이와 병준이가 우유를 마셨습니다. 영현이가 마신 우유는 $\frac{5}{8}$ L이고, 병준이가 마신

우유는 $\frac{7}{10}$ L입니다. 누가 마신 우유가 더 많은지 풀이 과정을 쓰고, 답을 구하세요. (9점)

1단계 알고 있는 것 (1점)   영현이가 마신 우유 : ☐ L   병준이가 마신 우유 : ☐ L

2단계 구하려는 것 (1점)   누가 마신 우유가 더 (적은지 , 많은지) 구하려고 합니다.

3단계 문제 해결 방법 (2점) $\frac{5}{8}$와 ☐ 중 더 (큰 , 작은) 분수를 구합니다. 분모가 다를 때,

(약분 , 통분)하여 분모를 같게 하고 분자를 비교해 분자가 더

(큰 , 작은) 분수를 찾습니다.

4단계 문제 풀이 과정 (3점) $\frac{5}{8}$와 ☐ 을 분모 8과 10의 최소공배수인 ☐ 을 공통분모로

하여 통분하면 $\frac{25}{40}$와 ☐ 입니다. $\frac{25}{40}$ (> , = , <) ☐

이므로 $\frac{5}{8}$ (> , = , <) ☐ 입니다.

5단계 구하려는 답 (2점)

📌 **분모가 다른 분수의 크기 비교**

• 분모의 공배수를 공통분모로 하여 통분합니다.

• 통분하였을 때, 분자가 클수록 큰 분수입니다.

$\left(\frac{3}{5}, \frac{4}{7}\right) \rightarrow \left(\frac{21}{35}, \frac{20}{35}\right) \rightarrow \left(\frac{3}{5} > \frac{4}{7}\right)$

STEP 3 스스로 풀어보기

유형 ④

1. □ 안에 들어갈 수 있는 자연수는 모두 몇 개인지 풀이 과정을 쓰고, 답을 구하세요. (10점)

$$\frac{\square}{12} < \frac{13}{15}$$

풀이

두 분수의 분모 12와 15의 최소공배수 □ 을 공통분모로 하여 (약분 , 통분)하면

$\frac{\square}{12} = \frac{\square \times 5}{12 \times \boxed{}} = \boxed{\dfrac{\square \times 5}{}}$ 이고, $\frac{13}{15} = \frac{13 \times 4}{15 \times \boxed{}} = \boxed{}$ 이므로 $\frac{\square \times 5}{60} < \boxed{\dfrac{}{60}}$

입니다. 분모가 같으므로 □ 끼리 비교하면 □×5 < □ 이고, □ 안에 들어갈 수

있는 자연수는 1에서 10까지 모두 □ 개입니다.

답

2. □ 안에 들어갈 수 있는 자연수는 모두 몇 개인지 풀이 과정을 쓰고, 답을 구하세요. (15점)

$$\frac{4}{\square} > \frac{6}{7}$$

풀이

답

1

어떤 분수의 분모에서 8을 빼고 분자에 6을 더한 뒤 4로 약분하였더니 $\dfrac{5}{13}$ 가 되었습니다. 어떤 분수를 구하는 풀이 과정을 쓰고, 답을 구하세요. (단, 기약분수로 답하세요.) (20점)

힌트로 해결 끝!

어떤 분수 : $\dfrac{\blacktriangle}{\blacksquare}$

식 세워 $\blacksquare$, $\blacktriangle$ 구하기

풀이

답 _____

2

형민이는 친구들과 분수 카드 놀이를 합니다. 뒤집어서 나온 카드 중 $\dfrac{1}{2}$ 보다 큰 카드를 먼저 가져가는 사람이 이기는 게임입니다. 다음을 읽고 이긴 사람은 누구인지 풀이 과정을 쓰고, 답을 구하세요. (20점)

힌트로 해결 끝!

$\dfrac{1}{2}$ 은 분자가 분모의 반과 같은 수

$\dfrac{1}{2} = \dfrac{2}{4} = \dfrac{3}{6} = \dfrac{4}{8} = \cdots\cdots$

수연 난 $\dfrac{12}{51}$ 를 가져왔어.　　**민철** 나는 $\dfrac{18}{24}$ 을 가져왔지.

형민 너희 둘 다 나한테 진 것 같은데? 난 $\dfrac{18}{39}$ 을 가져 왔거든.

풀이

답 _____

❸

창의융합

영주, 수형, 정민이의 앞에 놓인 접시에 각각 똑같은 양의 떡이 담겨 있습니다. 세 친구들은 각각 접시에 있는 떡의 $\frac{2}{5}$, $\frac{3}{4}$, $\frac{5}{8}$ 만큼 먹었다고 할 때, 남은 떡이 가장 많은 사람은 누구인지 구하려고 합니다. 풀이 과정을 쓰고, 답을 구하세요. (20점)

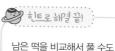

힌트로 해결 끝!

남은 떡을 비교해서 풀 수도 있어요.

풀이

남은 떡을 계산하면

영주 : 전체의 $\frac{3}{5}$

수형 : 전체의 $\frac{1}{4}$

정민 : 전체의 $\frac{3}{8}$ 입니다.

이 중 가장 큰 수를 찾아요.

답

❹

생활수학

$\frac{3}{4} < \frac{4}{5} < \frac{5}{6}$ 입니다. 분수의 크기를 비교한 것을 보고 주어진 분수들의 크기를 비교하여 가장 큰 분수를 찾으려고 합니다. 풀이 과정을 쓰고, 답을 구하세요. (20점)

$$\frac{9}{10}, \frac{7}{8}, \frac{12}{13}, \frac{10}{11}, \frac{8}{9}$$

힌트로 해결 끝!

분자가 분모보다 1만큼 더 작은 분수 → 분모와 분자가 클수록 큰 분수

풀이

답

나만의 문제 만들기

거꾸로 풀며 나만의 문제를 완성해 보세요.

모를 때 찍어봐!

정답 및 풀이 > 17쪽

다음은 주어진 분수와 낱말을 활용해서 만든 문제를 보고 풀이 과정과 답을 구한 것입니다.
어떤 문제였을까요? 거꾸로 문제 만들기, 도전해 볼까요? 15점

분수 $\frac{8}{12}$

낱말 기약분수

☆ 힌트 ☆
기약분수는 분모와 분자의 공약수가 1뿐인
분수예요.

문제

풀이

$\frac{8}{12}$의 분모와 분자의 최대공약수는 4이므로 분모와 분자를 각각 4로 나누면

$\frac{2}{3}$가 됩니다. 따라서 $\frac{8}{12}$을 기약분수로 나타내면 $\frac{2}{3}$입니다.

답 $\frac{2}{3}$

5. 분수의 덧셈과 뺄셈

유형1 받아올림이 없는 분모가 다른 진분수의 덧셈

유형2 받아올림이 있는 분모가 다른 진분수의 덧셈

유형3 받아올림이 있는 분모가 다른 대분수의 덧셈

유형4 받아내림이 있는 분모가 다른 대분수의 뺄셈

★ 받아올림이 없는 분모가 다른 진분수의 덧셈

STEP 1 대표 문제 맛보기

수진이가 어제 읽은 책은 전체의 $\frac{2}{7}$이고, 오늘은 전체의 $\frac{2}{5}$를 읽었습니다. 책의 전체 쪽 수가 210쪽이라면 수진이가 어제와 오늘 읽은 책은 모두 몇 쪽인지 구하려고 합니다. 풀이 과정을 쓰고, 답을 구하세요. (8점)

1단계 알고 있는 것 (1점) 어제 읽은 양 : 전체의 ☐ , 오늘 읽은 양 : 전체의 ☐

책의 전체 쪽수 : ☐ 쪽

2단계 구하려는 것 (1점) 수진이가 ☐ 와 오늘 읽은 책은 모두 몇 ☐ 인지 구하려고 합니다.

3단계 문제 해결 방법 (2점) 어제 읽은 양과 오늘 읽은 양을 (더하고 , 빼고) 전체 쪽수의 분수만큼을 구합니다.

4단계 문제 풀이 과정 (3점) (어제 읽은 양) + (오늘 읽은 양) = $\frac{2}{7}$ + ☐ = ☐ + $\frac{14}{35}$ = ☐

이므로 어제와 오늘 읽은 책은 전체의 ☐ 입니다.

전체 쪽수는 210쪽이므로 210의 ☐ 는 ☐ 입니다.

5단계 구하려는 답 (1점) 따라서 어제와 오늘 읽은 책은 모두 ☐ 쪽입니다.

STEP 2 따라 풀어보기 ☆

도화지 전체의 $\frac{7}{20}$은 노란색으로 칠하고, 전체의 $\frac{21}{40}$은 초록색으로 칠했습니다. 도화지의 넓이가 1400 cm²일 때, 노란색과 초록색으로 칠한 부분의 넓이는 몇 cm²인지 풀이 과정을 쓰고, 답을 구하세요. (cm²는 넓이의 단위로 제곱센티미터라 읽습니다.) 9점

1단계 알고 있는 것 1점

노란색으로 칠한 부분 : 전체의 ☐

초록색으로 칠한 부분 : 전체의 ☐

도화지의 넓이 : ☐ cm²

2단계 구하려는 것 1점

☐ 과 초록색으로 칠한 부분의 ☐ 는 몇 cm²인지 구하려고 합니다.

3단계 문제 해결 방법 2점

노란색과 초록색으로 칠한 부분의 양을 (더하고 , 빼고) 전체 넓이의 분수만큼을 구합니다.

4단계 문제 풀이 과정 3점

(노란색으로 칠한 부분의 양) + (초록색으로 칠한 부분의 양)

= ☐ + ☐ = ☐ + $\frac{21}{40}$ = $\frac{☐}{40}$ = ☐ 이므로

전체의 ☐ 을 노란색과 초록색으로 칠한 것입니다. 도화지 넓이는 1400 cm²이므로 1400의 ☐ 은 ☐ (cm²)입니다.

5단계 구하려는 답 2점

STEP 3 스스로 풀어보기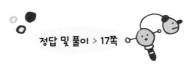

1. $\dfrac{1}{6}$ 과 $\dfrac{7}{14}$ 을 더하여 계산 결과를 구하려고 합니다. 분모의 곱과 최소공배수를 공통분모로 통분하여 2가지 방법으로 계산하는 과정을 설명하고, 계산 결과를 기약분수로 구하세요. (10점)

풀이

방법1] 분모의 곱을 공통분모로 통분하여 계산하기

$$\dfrac{1}{6} + \dfrac{7}{14} = \dfrac{\boxed{}}{84} + \dfrac{\boxed{}}{\boxed{}} = \dfrac{\boxed{}}{84} = \dfrac{2}{\boxed{}}$$

방법2] 분모의 $\boxed{}$ 를 공통분모로 통분하여 계산하기

$$\dfrac{1}{6} + \dfrac{7}{14} = \dfrac{\boxed{}}{42} + \dfrac{21}{\boxed{}} = \dfrac{\boxed{}}{42} = \dfrac{\boxed{}}{3}$$

답 _____

2. $\dfrac{5}{8}$ 와 $\dfrac{3}{10}$ 을 더하여 계산 결과를 구하려고 합니다. 분모의 곱과 최소공배수를 공통분모로 통분하여 2가지 방법으로 계산하는 과정을 설명하고, 계산 결과를 기약분수로 구하세요. (15점)

풀이

답 _____

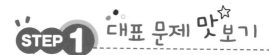
STEP 1 대표 문제 맛보기

$\dfrac{17}{21}$ 보다 $\dfrac{9}{35}$ 만큼 더 큰 수를 기약분수로 구하려고 합니다. 풀이 과정을 쓰고, 답을 구하세요. (8점)

1단계 알고 있는 것 (1점)

주어진 수 : ☐ , ☐

2단계 구하려는 것 (1점)

$\dfrac{17}{21}$ 보다 $\dfrac{9}{35}$ 만큼 더 (큰 , 작은) 수를 구하려고 합니다.

3단계 문제 해결 방법 (2점)

△보다 □만큼 더 (큰 , 작은) 수는 △ + □입니다.

4단계 문제 풀이 과정 (3점)

$\dfrac{17}{21}$ 보다 $\dfrac{9}{35}$ 만큼 더 큰 수는 $\dfrac{17}{21}$ + $\dfrac{9}{35}$ = $\dfrac{\boxed{}}{105}$ + $\boxed{}$

= $\boxed{}$ = $1\dfrac{\boxed{}}{105}$ = $\boxed{}$ 입니다.

5단계 구하려는 답 (1점)

따라서 $\dfrac{17}{21}$ 보다 $\dfrac{9}{35}$ 만큼 더 큰 수를 기약분수로 구하면

$\boxed{}$ 입니다.

STEP 2 따라 풀어보기 ☆

$\dfrac{5}{6}$ 보다 $\dfrac{7}{10}$ 만큼 더 큰 수를 기약분수로 구하려고 합니다. 풀이 과정을 쓰고, 답을 구하세요. (9점)

1단계 알고 있는 것 (1점) 주어진 수 : ☐ , ☐

2단계 구하려는 것 (1점) $\dfrac{5}{6}$ 보다 $\dfrac{7}{10}$ 만큼 더 (큰 , 작은) 수를 구하려고 합니다.

3단계 문제 해결 방법 (2점) △보다 □만큼 더 (큰 , 작은) 수는 △ + □입니다.

4단계 문제 풀이 과정 (3점)

$\dfrac{5}{6}$ 보다 $\dfrac{7}{10}$ 만큼 더 큰 수는 $\dfrac{5}{6}$ + $\dfrac{\Box}{\Box}$ = $\dfrac{\Box}{30}$ + $\dfrac{\Box}{\Box}$

$= \dfrac{\Box}{\Box} = 1\dfrac{\Box}{30} = \Box$ 입니다.

5단계 구하려는 답 (2점)

📌 받아올림이 있는 분모가 다른 진분수의 덧셈

123
이것만 알면
문제 해결 OK!

- 통분하여 분모는 그대로 두고 분자끼리 더합니다.
- 더한 결과가 가분수이면 대분수로 고칩니다.

$\dfrac{3}{4}+\dfrac{7}{10}=\dfrac{3\times10}{4\times10}+\dfrac{7\times4}{10\times4}=\dfrac{30}{40}+\dfrac{28}{40}=1\dfrac{18}{40}=1\dfrac{9}{20}$

$\dfrac{3}{4}+\dfrac{7}{10}=\dfrac{3\times5}{4\times5}+\dfrac{7\times2}{10\times2}=\dfrac{15}{20}+\dfrac{14}{20}=\dfrac{29}{20}=1\dfrac{9}{20}$

 STEP 3 스스로 풀어보기

1. 가, 나 비커에 각각 물이 $\frac{2}{5}$ L, $\frac{4}{7}$ L가 들어 있습니다. 두 비커에 각각 물 $\frac{17}{35}$ L를 넣었을 때, 물의 양이 1 L보다 많아지는 비커를 쓰려고 합니다. 풀이 과정을 쓰고, 답을 구하세요. [10점]

 풀이

들어 있던 물의 양에 더 넣은 물의 양을 (더해서 , 빼서) 전체 물의 양을 구합니다.

(**가** 비커의 전체 물의 양) = $\frac{2}{5}$ + ⬜ = ⬜ + $\frac{17}{35}$ = ⬜ (L)이고,

$\frac{31}{35}$ L < ⬜ L입니다. (**나** 비커의 전체 물의 양) = $\frac{4}{7}$ + ⬜ = ⬜ + $\frac{17}{35}$

= ⬜ = ⬜ (L)이고, ⬜ L > 1 L입니다.

따라서 물의 양이 1 L보다 많아지는 비커는 ⬜ 비커입니다.

답 _____

2. 지연이는 $\frac{3}{8}$ km를 걷다가, $\frac{7}{9}$ km를 뛰었고, 민철이는 $\frac{11}{24}$ km를 걷다가, $\frac{17}{36}$ km를 뛰었습니다. 지연이와 민철이 중에서 1 km보다 더 많이 움직인 사람은 누구인지 구하려고 합니다. 풀이 과정을 쓰고, 답을 구하세요. [15점]

 풀이

 답 _____

STEP 1 대표 문제 맛보기

진영이네 반은 알뜰 시장에서 팔 매실 주스를 다음과 같은 방법으로 만들었습니다. 만든 매실 주스는 모두 몇 L인지 기약분수로 구하려고 합니다. 풀이 과정을 쓰고, 답을 구하세요. (8점)

> 병에 매실 원액 $1\frac{2}{3}$ L를 넣습니다.
> 매실 원액을 담은 병에 물 $6\frac{4}{7}$ L를 넣습니다.
> 매실 원액과 물이 잘 섞이도록 젓습니다.

1단계 알고 있는 것 (1점) 병에 담은 매실 원액의 양 : $\boxed{}$ L

병에 담은 물의 양 : $\boxed{}$ L

2단계 구하려는 것 (1점) 만든 $\boxed{}$ 주스는 모두 몇 L인지 $\boxed{}$ 로 구하려고 합니다.

3단계 문제 해결 방법 (2점) 매실 원액의 양에 물의 양을 (더합니다 , 뺍니다).

4단계 문제 풀이 과정 (3점) (만든 매실 주스의 양)

= (병에 담은 매실 원액의 양) + (병에 담은 물의 양)

$= 1\frac{2}{3} + 6\frac{4}{7} = \boxed{} + \boxed{} = 7 + \dfrac{\boxed{}}{21} = 7 + \boxed{}$

$= \boxed{}$ (L)입니다.

5단계 구하려는 답 (1점) 따라서 만든 매실 주스의 양을 기약분수로 나타내면 $\boxed{}$ L입니다.

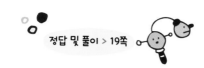

STEP 2 따라 풀어보기 ☆

수민이네 가족은 1박 2일로 여행을 갔습니다. 근처 과수원에서 사과와 배 따기를 체험하였습니다. 다음을 읽고 상자에 담긴 사과와 배는 모두 몇 kg인지 기약분수로 구하려고 합니다. 풀이 과정을 쓰고, 답을 구하세요. (단, 상자의 무게는 생각하지 않습니다.) 9점

> 상자에 사과 $5\frac{7}{18}$ kg을 담았습니다.
>
> 배 $7\frac{11}{12}$ kg을 따서 같은 상자에 담았습니다.

1단계 알고 있는 것 1점

상자에 담은 사과의 무게 : □ kg

상자에 담은 배의 무게 : □ kg

2단계 구하려는 것 1점

상자에 담긴 □ 와 배는 모두 몇 kg인지 □ 로 구하려고 합니다.

3단계 문제 해결 방법 2점

사과의 무게와 배의 무게를 (더합니다 , 뺍니다).

4단계 문제 풀이 과정 3점

(상자에 담긴 사과와 배의 무게) = (사과의 무게) + (배의 무게)

$$= 5\frac{7}{18} + 7\frac{11}{12} = 5\frac{\boxed{}}{36} + 7\frac{\boxed{}}{36} = \boxed{} + \frac{\boxed{}}{36}$$

$$= \boxed{} + 1\frac{\boxed{}}{36} = \boxed{} \text{(kg)입니다.}$$

5단계 구하려는 답 2점

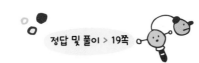

STEP 3 스스로풀어보기

유형❸

1. 다음 수 중에서 가장 큰 수와 두 번째로 작은 수의 합을 구하려고
합니다. 풀이 과정을 쓰고, 답을 구하세요. (10점)

$1\frac{9}{20}, 3\frac{5}{8}, 1\frac{5}{6}, 4\frac{4}{5}$

풀이

자연수 부분이 1인 두 분수를 비교하면

$(1\frac{9}{20}, 1\frac{5}{6}) \rightarrow (\boxed{}, 1\frac{\boxed{}}{60}) \rightarrow (1\frac{9}{20} (\ >\ ,\ =\ ,\ <\ ) 1\frac{5}{6})$이므로 수의 크기를

비교하면 $\boxed{} > 3\frac{5}{8} > \boxed{} > \boxed{}$ 입니다. 가장 큰 수는 $\boxed{}$ 이고

두 번째로 작은 수는 $\boxed{}$ 이므로 $\boxed{} + 1\frac{5}{6} = 4\frac{\boxed{}}{30} + 1\frac{25}{\boxed{}} = \boxed{}$ 입니다.

답 _____

2. 다음 수 중에서 가장 큰 수와 두 번째로 작은 수의 합을 구하려고
합니다. 풀이 과정을 쓰고, 답을 구하세요. (15점)

$4\frac{4}{9}, 4\frac{3}{4}, 3\frac{3}{8}, 2\frac{5}{6}$

풀이

답 _____

핵심유형4 ☆ 받아내림이 있는 분모가 다른 대분수의 뺄셈

STEP 1 대표 문제 맛보기

길이가 $12\frac{1}{4}$ cm인 색 테이프 2장을 $1\frac{5}{6}$ cm 겹치게 이어 붙였습니다. 색 테이프 2장을 겹치게 이어 붙인 길이는 몇 cm인지 기약분수로 나타내려고 합니다. 풀이 과정을 쓰고, 답을 구하세요. (8점)

1단계 알고 있는 것 (1점)

색 테이프의 길이: ☐ cm   겹친 길이: ☐ cm

2단계 구하려는 것 (1점)

☐ 테이프 2장을 겹치게 이어 붙인 길이는 몇 cm인지 구하려고 합니다.

3단계 문제 해결 방법 (2점)

색 테이프 한 장의 길이를 두 번 (더하고 , 빼고) 겹친 부분의 길이를 (더합니다 , 뺍니다).

4단계 문제 풀이 과정 (3점)

(색 테이프 2장 길이의 합)

$= \boxed{} + 12\frac{1}{4} = 24\frac{\boxed{}}{4} = 24\boxed{}$ (cm)

(겹치게 이어 붙인 색 테이프의 길이)

=(색 테이프 2장 길이의 합)−(겹친 부분의 길이)

$= \boxed{} - 1\frac{5}{6} = 24\frac{\boxed{}}{6} - 1\frac{5}{6}$

$= 23\frac{\boxed{}}{6} - 1\frac{5}{6} = \boxed{}\frac{\boxed{}}{6} = \boxed{}$ (cm)

5단계 구하려는 답 (1점)

따라서 색 테이프 2장을 겹치게 이어 붙인 길이를 기약분수로 나타내면 ☐ cm입니다.

길이가 $11\frac{5}{12}$ cm인 끈 3개를 $1\frac{3}{10}$ cm씩 겹치게 이어 붙였습니다. 끈 3개를 겹치게 이어 붙인 길이는 몇 cm인지 기약분수로 나타내려고 합니다. 풀이 과정을 쓰고, 답을 구하세요. (9점)

1단계 알고 있는 것 (1점)

끈의 길이: ☐ cm   겹친 길이: ☐ cm

2단계 구하려는 것 (1점)

끈 ☐ 개를 겹치게 이어 붙인 길이는 몇 cm인지 구하려고 합니다.

3단계 문제 해결 방법 (2점)

끈 한 개의 길이를 (두 , 세) 번 (더하고 , 빼고) 겹친 부분의 길이의 합을 (더합니다 , 뺍니다).

4단계 문제 풀이 과정 (3점)

(끈 3개 길이의 합) $= 11\frac{5}{12} + \boxed{} + 11\frac{5}{12} = 33\frac{\boxed{}}{12}$

$= 34\frac{\boxed{}}{12} = \boxed{}$ (cm)이고

(겹치게 이어 붙인 끈의 길이)

= (끈 3개 길이의 합) − (겹친 부분의 길이의 합)

$= \boxed{} - \left(1\frac{3}{10} + \boxed{}\right) = \boxed{} - 2\frac{\boxed{}}{5}$

$= \boxed{} - 2\frac{\boxed{}}{20} = 33\frac{\boxed{}}{20} - 2\frac{\boxed{}}{20}$

$= \boxed{}$ (cm)

5단계 구하려는 답 (2점)

1. 다음 숫자 카드를 한 번씩 이용하여 가장 큰 대분수와 가장 작은 대분수를 만들어 두 수의 차를 구하려고 합니다. 풀이 과정을 쓰고, 답을 구하세요. (10점)

$$\boxed{2} \qquad \boxed{5} \qquad \boxed{7}$$

풀이

가장 큰 대분수는 자연수 부분이 가장 (큰 , 작은) 분수로 $\boxed{}$ 이고, 가장 작은 대분수는

자연수 부분이 가장 (큰 , 작은) 분수로 $\boxed{}$ 입니다.

두 분수의 차를 구하면 $\boxed{} - \boxed{} = 7\dfrac{\boxed{}}{35} - 2\dfrac{25}{35} = 6\dfrac{\boxed{}}{35} - 2\dfrac{25}{35}$

$= \boxed{}$ 입니다.

답 _____

2. 다음 숫자 카드를 한 번씩 이용하여 가장 큰 대분수와 가장 작은 대분수를 만들어 두 수의 차를 구하려고 합니다. 풀이 과정을 쓰고, 답을 구하세요. (15점)

$$\boxed{4} \qquad \boxed{1} \qquad \boxed{9}$$

풀이

답 _____

스스로 문제를 풀어보며 실력을 높여보세요.

1

$1\dfrac{3}{5}$보다 $2\dfrac{9}{10}$만큼 더 큰 수를 □라 하고 $1\dfrac{3}{4}$보다 $1\dfrac{5}{6}$만큼 더 큰 수를 △라 할 때 □−△를 구하려고 합니다. 풀이 과정을 쓰고, 답을 구하세요. (20점)

□와 △를 각각 구해요.

풀이

□−△를 계산해요.

답 _____

2

$\dfrac{12}{17}$와 $\dfrac{43}{51}$의 합에 어떤 수를 더했더니 $3\dfrac{23}{102}$이 되었습니다. 어떤 수보다 $1\dfrac{4}{17}$만큼 더 큰 수를 기약분수로 구하려고 합니다. 풀이 과정을 쓰고, 답을 구하세요. (20점)

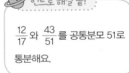
$\dfrac{12}{17}$와 $\dfrac{43}{51}$를 공통분모 51로 통분해요.

풀이

17, 51, 102의 최소공배수 → 102

답 _____

3 생활수학

오전 10시에 부산을 향해 출발한 기차가 $2\frac{1}{6}$ 시간을 달린 후 $\frac{1}{3}$ 시간 동안 쉬고 다시 $1\frac{3}{4}$ 시간을 달려 도착했습니다. 기차가 부산에 도착한 시각은 오후 몇 시 몇 분인지 풀이 과정을 쓰고, 답을 구하세요. (20점)

힌트로 해결 끝!

쉬고 간 시간도 더해요.

풀이

답 _____

4 창의융합

마방진은 1부터 어떤 수까지 연속된 자연수를 가로, 세로, 대각선의 수의 합이 모두 같아지도록 정사각형 모양으로 배열한 것입니다. 같은 원리를 적용하여 다음 정사각형 안에 들어갈 수를 완성할 때 ㉠+㉡-㉢의 값을 기약분수로 나타내려고 합니다. 풀이 과정을 쓰고, 답을 구하세요. (20점)

㉠	$\frac{3}{8}$	$\frac{1}{12}$
	$\frac{5}{24}$	㉡
$\frac{1}{3}$	㉢	㉣

힌트로 해결 끝!

대각선 세 수의 합을 먼저 구해요.

가로, 세로, 대각선 세 수의 합이 같음을 이용해요.

풀이

답 _____

다음은 주어진 수와 낱말, 조건을 활용해서 만든 문제를 보고 풀이 과정과 답을 구한 것입니다.
어떤 문제였을까요? 거꾸로 문제 만들기, 도전해 볼까요? 15점

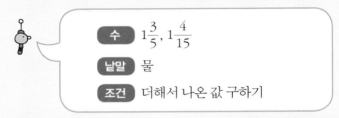

수	$1\frac{3}{5}$, $1\frac{4}{15}$
낱말	물
조건	더해서 나온 값 구하기

☆ 힌트 ☆
통분해서 더해요

문제

풀이

$1\frac{3}{5} + 1\frac{4}{15} = 1\frac{9}{15} + 1\frac{4}{15} = 2\frac{13}{15}$ 입니다. 따라서 두 물병에 들어 있는 물의 양은 모두

$2\frac{13}{15}$ L입니다.

답 $2\frac{13}{15}$ L

6. 다각형의 둘레와 넓이

STEP 1 대표 문제 맛보기

한 변의 길이가 6 cm인 정오각형과 둘레가 같은 정육각형이 있습니다. 정육각형의 한 변의 길이는 몇 cm인지 풀이 과정을 쓰고, 답을 구하세요. (8점)

1단계 알고 있는 것 (1점)

정오각형의 한 변의 길이 : ☐ cm

정오각형의 둘레와 정육각형의 둘레가 (같습니다 , 다릅니다).

2단계 구하려는 것 (1점)

☐ 의 한 변의 길이는 몇 cm인지 구하려고 합니다.

3단계 문제 해결 방법 (2점)

☐ 의 둘레를 구한 후 정육각형의 ☐ 의 수로 나누어

☐ 의 한 변의 길이를 구합니다.

4단계 문제 풀이 과정 (3점)

(정오각형의 둘레) = (정오각형의 한 변의 길이) × (정오각형의 변의 수)

= 6 × ☐ = ☐ (cm)

(정육각형의 둘레) = (정오각형의 둘레) = ☐ cm

(정육각형의 한 변의 길이) = (정육각형의 둘레) ÷ (정육각형의 변의 수)

= ☐ ÷ 6 = ☐ (cm)

5단계 구하려는 답 (1점)

따라서 정육각형의 한 변의 길이는 ☐ cm입니다.

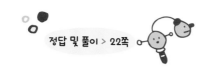

STEP 2 따라 풀어보기

둘레가 40 cm인 정팔각형의 한 변의 길이와 정사각형의 한 변의 길이가 같을 때 정사각형의 둘레는 몇 cm인지 풀이 과정을 쓰고, 답을 구하세요. (9점)

1단계 알고 있는 것 (1점)

정팔각형의 둘레 : ☐ cm

정팔각형의 한 변의 길이와 정사각형의 한 변의 길이가 (같습니다 , 다릅니다).

2단계 구하려는 것 (1점)

☐ 의 둘레는 몇 cm인지 구하려고 합니다.

3단계 문제 해결 방법 (2점)

☐ 의 한 변의 길이를 구한 후 정사각형의 ☐ 의 수를 곱하여 정사각형의 둘레를 구합니다.

4단계 문제 풀이 과정 (3점)

(정팔각형의 한 변의 길이)

= (정팔각형의 둘레) ÷ (정팔각형의 변의 수)

= 40 ÷ ☐ = ☐ (cm)

(정사각형의 한 변의 길이) = (정팔각형의 한 변의 길이) = ☐ cm

(정사각형 둘레) = (정사각형의 한 변의 길이) × (정사각형의 변의 수)

= ☐ × ☐ = ☐ (cm)

5단계 구하려는 답 (2점)

123
이것만 알면
문제 해결 OK!

📌 사각형의 둘레 알아보기

(정다각형의 둘레)=(한 변의 길이)×(변의 수)

(마름모의 둘레)=(한 변의 길이)×4

(직사각형의 둘레)=(가로+세로)×2

(평행사변형의 둘레)=(한 변의 길이+다른 한 변의 길이)×2

STEP 3 스스로 풀어보기 ☆

1. 한 변의 길이가 6 cm인 정사각형 4개를 이용하여 다음과 같은 도형을 만들었습니다. 만든 도형의 둘레는 몇 cm인지 풀이 과정을 쓰고, 답을 구하세요. (10점)

풀이

정사각형은 모든 변의 길이가 (같으므로 , 다르므로) 만든 도형의 둘레는 ☐ cm가

☐ 번인 길이와 같습니다.

따라서 만든 도형의 둘레는 ☐ × ☐ = ☐ (cm)입니다.

답 _____

2. 한 변의 길이가 5 cm인 정오각형을 이용하여 다음과 같은 도형을 만들었습니다. 만든 도형의 둘레는 몇 cm인지 풀이 과정을 쓰고, 답을 구하세요. (15점)

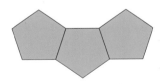

풀이

답 _____

핵심유형2 ★ 직사각형의 넓이, 정사각형의 넓이

STEP 1 대표 문제 맛보기

가로가 10 cm이고 둘레가 32 cm인 직사각형과 한 변의 길이가 5 cm인 정사각형이 있습니다. 직사각형의 넓이는 정사각형의 넓이보다 몇 cm² 더 넓은지 구하려고 합니다. 풀이 과정을 쓰고, 답을 구하세요. (8점)

1단계 알고 있는 것 (1점)

직사각형의 가로 : ☐ cm   직사각형의 둘레 : ☐ cm

정사각형의 한 변의 길이 : ☐ cm

2단계 구하려는 것 (1점)

직사각형의 넓이가 ☐ 의 넓이보다 몇 cm² 더 (좁은지 , 넓은지) 구하려고 합니다.

3단계 문제 해결 방법 (2점)

직사각형의 (가로 , 세로)를 구한 후 직사각형의 넓이를 구하여 한 변의 길이가 ☐ cm인 정사각형의 넓이를 (더합니다 , 뺍니다).

4단계 문제 풀이 과정 (3점)

(직사각형의 세로) = (둘레) ÷ 2 − (☐ 의 길이)

= ☐ ÷ 2 − ☐ = ☐ (cm)

(직사각형의 넓이) = (가로) × (세로) = ☐ × ☐ = ☐ (cm²)

(정사각형의 넓이) = (한 변의 길이) × (한 변의 길이)

= 5 × ☐ = ☐ (cm²)

(직사각형의 넓이) − (정사각형의 넓이) = ☐ − ☐

= ☐ (cm²)

5단계 구하려는 답 (1점)

따라서 직사각형의 넓이는 정사각형의 넓이보다 ☐ cm² 더 넓습니다.

둘레가 48 cm이고 가로가 세로보다 4 cm 더 긴 직사각형과 한 변의 길이가 6 cm인 정사각형이 있습니다. 직사각형의 넓이는 정사각형의 넓이보다 몇 cm² 더 넓은지 구하려고 합니다. 풀이 과정을 쓰고, 답을 구하세요. (9점)

1단계 알고 있는 것 (1점)

직사각형의 둘레 : ☐ cm   정사각형의 한 변의 길이 : ☐ cm

가로는 세로보다 ☐ cm 더 (짧습니다 , 깁니다).

2단계 구하려는 것 (1점)

직사각형의 넓이가 ☐ 의 넓이보다 몇 cm² 더 (좁은지 , 넓은지) 구하려고 합니다.

3단계 문제 해결 방법 (2점)

직사각형의 ☐ 와 세로를 구한 후 직사각형의 넓이를 구하여

한 변의 길이가 ☐ cm인 정사각형의 넓이를 (더합니다 , 뺍니다).

4단계 문제 풀이 과정 (3점)

세로를 ☐cm라 하면, 가로는 (☐ + ☐) cm입니다.

직사각형의 둘레가 48 cm이므로 (☐ + 4 + ☐) × ☐ = ☐ 이고,

☐ + 4 + ☐ = ☐ , ☐ + ☐ = ☐ , ☐ = ☐ 이므로

직사각형의 가로는 ☐ cm, 세로는 ☐ cm입니다.

(직사각형의 넓이) = 14 × ☐ = ☐ (cm²),

(정사각형의 넓이) = 6 × ☐ = ☐ (cm²)

(직사각형의 넓이) − (정사각형의 넓이)

= ☐ − ☐ = ☐ (cm²)입니다.

5단계 구하려는 답 (2점)

유형❷

1. 가로가 8 cm, 세로가 12 cm인 직사각형을 잘라 가장 큰 정사각형 한 개를 만들었습니다. 만든 정사각형의 넓이와 남은 부분의 넓이의 차는 몇 cm²인지 풀이 과정을 쓰고, 답을 구하세요. 10점

풀이

가로 8 cm, 세로 ☐ cm인 직사각형의 넓이는 8 × ☐ = ☐ (cm²)입니다.

이 직사각형을 잘라 만들 수 있는 가장 (큰 , 작은) 정사각형의 한 변의 길이는 ☐ cm

이므로 정사각형의 넓이는 ☐ × ☐ = ☐ (cm²)입니다. 남은 부분의 넓이는

96 − ☐ = ☐ (cm²)이므로 만든 정사각형의 넓이와 남은 부분의 넓이의 차는

☐ − ☐ = ☐ (cm²)입니다.

답

2. 가로가 22 cm, 세로가 9 cm인 직사각형을 잘라 가장 큰 정사각형 한 개를 만들었습니다. 만든 정사각형의 넓이와 남은 부분의 넓이의 차는 몇 cm²인지 풀이 과정을 쓰고, 답을 구하세요. 15점

풀이

답

STEP 1 대표 문제 맛보기

평행사변형 (가)와 (나)를 그림과 같이 이어 붙여 만든 평행사변형의 넓이는 120 cm² 입니다. □ 안에 알맞은 수는 무엇인지 풀이 과정을 쓰고, 답을 구하세요. (8점)

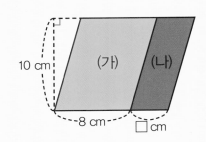

1단계 알고 있는 것 (1점)

평행사변형 (가)의 밑변의 길이 : ☐ cm   높이 : ☐ cm

평행사변형 (나)의 높이 : ☐ cm

(가)와 (나)를 이어 붙여 만든 평행사변형의 넓이 : ☐ cm²

2단계 구하려는 것 (1점)

□ 안에 알맞은 ☐ 를 구하려고 합니다.

3단계 문제 해결 방법 (2점)

평행사변형 (가)의 넓이를 구해 120 cm²에서 (더해서 , 빼서)

평행사변형 ☐ 의 넓이를 구합니다. 평행사변형 (나)의 넓이를

☐ 로 나누어 ☐ 의 길이를 구합니다.

4단계 문제 풀이 과정 (3점)

(평행사변형 (가)의 넓이) = ☐ × ☐ = ☐ (cm²)

(평행사변형 (나)의 넓이) = 120 − ☐ = ☐ (cm²)

(평행사변형 (나)의 밑변의 길이) = ☐ ÷ 10 = ☐ (cm)

5단계 구하려는 답 (1점)

따라서 □ 안에 알맞은 수는 ☐ 입니다.

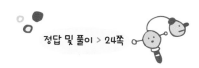

STEP 2 따라 풀어보기

평행사변형 (가)의 밑변의 길이는 7 cm이고, 평행사변형 (나)의 넓이는 36 cm²입니다. 평행사변형 (가)와 (나)의 넓이의 합이 64 cm²일 때, 평행사변형 (가)의 높이는 몇 cm 인지 풀이 과정을 쓰고, 답을 구하세요. (9점)

1단계 알고 있는 것 (1점)

평행사변형 (가)의 밑변의 길이 : ☐ cm

평행사변형 (나)의 넓이 : ☐ cm²

평행사변형 (가)와 (나)의 넓이의 합 : ☐ cm²

2단계 구하려는 것 (1점)

평행사변형 (가)의 ☐ 는 몇 cm인지 구하려고 합니다.

3단계 문제 해결 방법 (2점)

평행사변형 (가)와 (나)의 넓이의 합에서 평행사변형 (나)의 넓이를 (더해서 , 빼서) 평행사변형 ☐ 의 넓이를 구합니다. 평행사변형 (가)의 넓이를 ☐ 의 길이로 나누어 ☐ 를 구합니다.

4단계 문제 풀이 과정 (3점)

(평행사변형 (가)의 넓이)

= (평행사변형 (가)와 (나)의 넓이의 합) − (평행사변형 (나)의 넓이)

= ☐ − ☐ = ☐ (cm²)

(평행사변형 (가)의 높이) = (넓이) ÷ (밑변의 길이)

= ☐ ÷ ☐ = ☐ (cm)

5단계 구하려는 답 (2점)

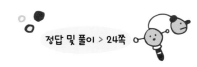
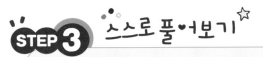
1. 다음과 같이 직사각형과 평행사변형을 이어 붙여 만든 도형의 둘레가 44 cm입니다. 평행사변형의 높이가 3 cm일 때, 평행사변형의 넓이는 몇 cm²인지 구하려고 합니다. 풀이 과정을 쓰고, 답을 구하세요. (10점)

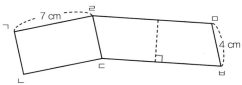

 풀이

직사각형과 평행사변형은 마주보는 변의 길이가 같으므로 (변 ㄴㄷ) = (변 ㄱㄹ) = ☐ cm,

(변 ㅁㅂ) = (변 ㄱㄴ) = ☐ cm입니다. 두 도형을 이어 붙여 만든 도형의 둘레가 ☐ + 4

+ ☐ + (변 ㄷㅂ) + 4 + (변 ㅁㄹ) = ☐ (cm)이므로 (변 ㄷㅂ) + (변 ㅁㄹ) = ☐ (cm)

이고, (변 ㄷㅂ) = (변 ㅁㄹ) = ☐ (cm)입니다.

따라서 평행사변형의 넓이는 ☐ × 3 = ☐ (cm²)입니다.

답 _____

2. 한 변의 길이가 9 cm인 정사각형과 높이가 7 cm인 평행사변형을 이어 붙여 만든 도형입니다. 만든 도형의 둘레가 52 cm일 때, 평행사변형의 넓이는 몇 cm²인지 구하려고 합니다. 풀이 과정을 쓰고, 답을 구하세요. (15점)

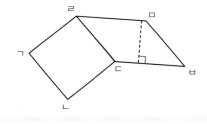

 풀이

답 _____

STEP 1 대표 문제 맛보기

다음 조건을 모두 만족하는 삼각형의 넓이는 몇 cm²인지 구하려고 합니다. 풀이 과정을 쓰고, 답을 구하세요. (8점)

- 삼각형의 높이는 밑변의 길이보다 2 cm 더 깁니다.
- 삼각형의 밑변의 길이는 둘레가 16 cm인 정사각형의 한 변의 길이와 같습니다.

1단계 알고 있는 것 (1점)

삼각형의 높이는 밑변의 길이보다 ☐ cm 깁니다.

삼각형의 밑변의 길이는 둘레가 ☐ cm인 정사각형의 한 변의 길이와 같습니다.

2단계 구하려는 것 (1점)

조건을 모두 만족하는 ☐ 의 넓이는 몇 cm²인지 구하려고 합니다.

3단계 문제 해결 방법 (2점)

삼각형의 ☐ 의 길이를 구하고 ☐ 를 구합니다.

(삼각형의 넓이)=(☐ 의 길이)×(높이)÷☐

4단계 문제 풀이 과정 (3점)

(삼각형의 밑변의 길이) = (둘레가 16 cm인 정사각형의 한 변의 길이)

= 16 ÷ ☐ = ☐ (cm)

(삼각형의 높이) = (삼각형의 밑변의 길이) + 2 = ☐ + 2 = ☐ (cm)

(삼각형의 넓이) = (☐ 의 길이) × (높이) ÷ ☐

= ☐ × ☐ ÷ 2 = ☐ (cm²)

5단계 구하려는 답 (1점)

따라서 조건을 모두 만족하는 삼각형의 넓이는 ☐ cm²입니다.

다음 조건을 모두 만족하는 삼각형의 넓이는 몇 cm²인지 구하려고 합니다. 풀이 과정을 쓰고, 답을 구하세요. (9점)

- 삼각형의 밑변의 길이와 높이의 차는 3 cm입니다.
- 삼각형의 밑변의 길이와 높이의 합은 15 cm입니다.
- 삼각형의 (밑변의 길이) > (높이)

1단계 알고 있는 것 (1점)

삼각형의 밑변의 길이와 높이의 차는 ☐ cm입니다.

삼각형의 밑변의 길이와 높이의 합은 ☐ cm입니다.

삼각형의 (밑변의 길이) ☐ (높이)

2단계 구하려는 것 (1점)

조건을 모두 만족하는 ☐ 의 넓이는 몇 cm²인지 구하려고 합니다.

3단계 문제 해결 방법 (2점)

삼각형의 ☐ 의 길이와 ☐ 를 구합니다.

(삼각형의 넓이) = (☐ 의 길이) × (높이) ÷ ☐

4단계 문제 풀이 과정 (3점)

차가 ☐ 이고 합이 ☐ 인 두 수는 9와 ☐ 이고

삼각형의 (밑변의 길이) > (높이)이므로 밑변의 길이는 ☐ cm이고

높이는 ☐ cm입니다.

(삼각형의 넓이) = (☐ 의 길이) × (높이) ÷ 2

= ☐ × ☐ ÷ 2 = ☐ (cm²)

5단계 구하려는 답 (2점)

STEP 3 스스로 풀어보기 ☆

유형④

1. □ 안에 알맞은 수를 구하려고 합니다. 풀이 과정을 쓰고, 답을 구하세요. (10점)

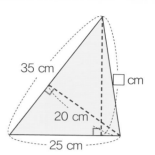

35 cm □ cm 20 cm 25 cm

풀이

이 삼각형은 밑변의 길이가 [ ] cm일 때 높이는 □ cm이고, 밑변의 길이가 [ ] cm

일 때 높이는 20 cm입니다. (삼각형의 넓이) = (밑변의 길이) × (높이) ÷ [ ] 이므로

[ ] × □ ÷ 2 = [ ] × 20 ÷ 2이므로 □ = [ ] 입니다.

따라서 □ 안에 알맞은 수는 [ ] 입니다.

답 _____

2. □ 안에 알맞은 수를 구하려고 합니다. 풀이 과정을 쓰고, 답을 구하세요. (15점)

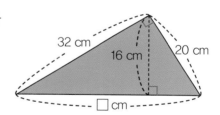

32 cm 16 cm 20 cm □ cm

풀이

답 _____

유형❶+❷

 힌트로 해결 끝!

(정사각형의 넓이)=(한 변의 길이)×(한 변의 길이)

한 변의 길이가 6 cm인 정사각형과 넓이가 같은 직사각형을 그림과 같이 겹쳐 놓았습니다. 점 ㄱ은 정사각형의 한 변을 3등분하였을 때 왼쪽에서부터 첫 번째 점이고 점 ㄴ은 정사각형 한 변의 가운데 점입니다. 겹쳐놓은 도형의 전체 넓이는 몇 cm²인지 구하려고 합니다. 풀이 과정을 쓰고, 답을 구하세요. 20점

 답

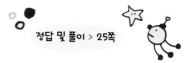
2 유형 ❶+❸

 힌트로 해결 끝!

각 부분으로 나누어
각 부분의 넓이의 합으로
구할 수도 있어요.

한 변의 길이가 40 cm인 정사각형의 각 변을 8등분하여 다음과 같은 숫자를 만들어 색칠하였습니다. 색칠한 부분의 넓이는 몇 cm²인지 풀이 과정을 쓰고, 답을 구하세요. (20점)

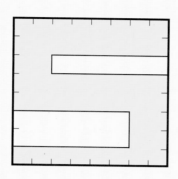

풀이

답 _____

3

두 가지 모양 조각으로 다음과 같은 모양을 만들었습니다. 보라색 조각이 정육각형이고 넓이가 360 cm²일 때, 모양 전체의 넓이는 몇 cm²인지 풀이 과정을 쓰고, 답을 구하세요. 20점

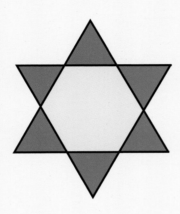

힌트로 해결 끝!

삼각형 한 변의 양 끝 각의 크기가 60°이면 → 정삼각형

직선이 이루는 각도 → 180°

 풀이

답 _____

106

4

한 변의 길이가 20 cm인 정사각형을 나누어 칠교판을 만들었습니다. 삼각형 ㉠과 정사각형 ㉡의 넓이의 합은 몇 cm²인지 풀이 과정을 쓰고, 답을 구하세요. 20점

(마름모의 넓이)
=(한 대각선의 길이)
×(다른 대각선의 길이)÷2

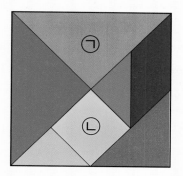

풀이

답 _____

다음은 주어진 수와 낱말, 조건을 활용해서 만든 문제를 보고 풀이 과정과 답을 구한 것입니다.
어떤 문제였을까요? 거꾸로 문제 만들기, 도전해 볼까요? 15점

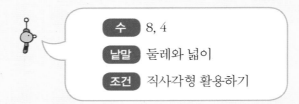

수	8, 4
낱말	둘레와 넓이
조건	직사각형 활용하기

☆힌트☆
직사각형의 둘레와 넓이는 가로와 세로를 이용해요.

문제

풀이

가로가 8cm, 세로가 4 cm인 직사각형의 둘레는 (8+4)×2=24 (cm)이고,
넓이는 8×4=32 (cm²)입니다.

답 24 cm, 32 cm²

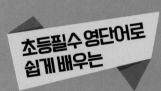

학 습 구 성

교과연계 초등 1학년

1권	(1-1) 1학년 1학기 과정	2권	(1-2) 1학년 2학기 과정
1	9까지의 수	1	100까지의 수
2	여러 가지 모양	2	덧셈과 뺄셈(1)
3	덧셈과 뺄셈	3	여러 가지 모양
4	비교하기	4	덧셈과 뺄셈(2)
5	50까지의 수	5	시계 보기와 규칙 찾기
		6	덧셈과 뺄셈(3)

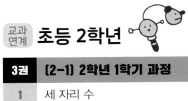

교과연계 초등 2학년

3권	(2-1) 2학년 1학기 과정	4권	(2-2) 2학년 2학기 과정
1	세 자리 수	1	네 자리 수
2	여러 가지 도형	2	곱셈구구
3	덧셈과 뺄셈	3	길이 재기
4	길이 재기	4	시각과 시간
5	분류하기	5	표와 그래프
6	곱셈	6	규칙 찾기

교과연계 초등 3학년

5권	(3-1) 3학년 1학기 과정	6권	(3-2) 3학년 2학기 과정
1	덧셈과 뺄셈	1	곱셈
2	평면도형	2	나눗셈
3	나눗셈	3	원
4	곱셈	4	분수
5	길이와 시간	5	들이와 무게
6	분수와 소수	6	자료의 정리

초등
수학

한 권으로
서술형
끝

정답

9

초등수학
5-1 과정

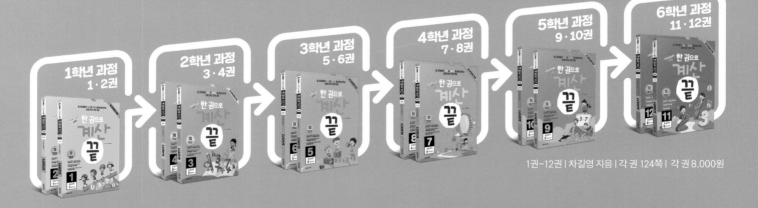

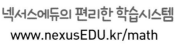

초등수학

한 권으로

서술형

끝

정답

9

초등수학
5-1 과정

넥서스에듀

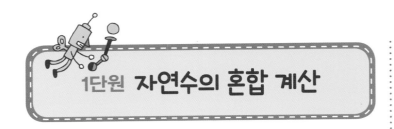

1단원 자연수의 혼합 계산

핵심유형1 　덧셈과 뺄셈이 섞여 있는 식

STEP 1 .... P. 12

1단계 96, 38, 15

2단계 남은

3단계 38, 15, 96

4단계 15 / 15, 96, 53, 43

5단계 43

STEP 2 .... P. 13

1단계 2700, 1500, 5000

2단계 거스름돈

3단계 더하고, 5000

4단계 2700, 1500 / 5000, 2700, 1500 / 5000, 4200 / 800

5단계 따라서 거스름돈은 800원입니다.

STEP 3 .... P. 14

❶

풀이 빼고, 더해서 / 대여, 반납 / 94, 36, 28 / 58, 28, 86

답 86권

오답 제로를 위한 **채점 기준표**

	세부 내용	점수
풀이 과정	① 대여한 책의 수를 뺀다고 말한 경우	2
	② 반납한 책의 수를 더한다고 말한 경우	2
	③ 남은 책의 수에 관한 식을 쓴 경우	3
	④ 남은 책의 수를 86권이라고 한 경우	2
답	86권이라고 쓴 경우	1
	총점	10

❷

풀이 지금 버스에 타고 있는 승객의 수는 처음 버스에 타고 있던 승객 수에서 내린 승객의 수는 빼고 탄 승객의 수는 더해서 구합니다. 따라서
(지금 버스에 타고 있는 승객의 수)=(처음 타고 있는 승객의 수)-(내린 승객의 수)+(탄 승객의 수)=46-14+6=38(명)입니다.

답 38명

오답 제로를 위한 **채점 기준표**

	세부 내용	점수
풀이 과정	① 내린 승객의 수를 뺀다고 한 경우	3
	② 탄 승객의 수를 더한다고 한 경우	3
	③ 지금 버스에 타고 있는 승객의 수에 관한 식을 쓴 경우	4
	④ 지금 버스에 타고 있는 승객의 수를 38명이라고 한 경우	3
답	38명이라고 쓴 경우	2
	총점	15

핵심유형2 　곱셈과 나눗셈이 섞여 있는 식

STEP 1 .... P. 15

1단계 24, 6, 8

2단계 8, 색종이

3단계 곱하여, 색종이

4단계 24, 8, 4, 8, 32

5단계 32

STEP 2 .... P. 16

1단계 4, 72

2단계 한

3단계 색연필, 곱하여, 나누어

4단계 72, 4, 72, 12, 6

5단계 따라서 한 사람에게 6자루씩 주면 됩니다.

❶

풀이   네, 변, 8 / 96, 4, 96, 32, 3

답   3개

오답 제로를 위한 **채점 기준표**

	세부 내용	점수
풀이 과정	① 정사각형 한 개를 만들 때 필요한 철사의 길이를 구하는 식을 8×4로 표현한 경우	3
	② 만들 수 있는 정사각형 모양의 수를 구하는 식을 96÷(8×4)로 나타낸 경우	3
	③ 만들 수 있는 정사각형 모양의 수를 3개라고 한 경우	3
답	3개라고 쓴 경우	1
	총점	10

❷

풀이   (전체 학생 수)=(한 모둠의 모둠원의 수)×(모둠의 수) =6×6(명)이므로 (한 사람에게 나누어줄 도화지의 수) =(전체 도화지의 수)÷(전체 학생 수) =144÷(6×6)=144 ÷36=4(장)입니다.

답   4장

오답 제로를 위한 **채점 기준표**

	세부 내용	점수
풀이 과정	① 전체 학생 수를 6×6으로 표현한 경우	5
	② 한 사람에게 나누어줄 도화지의 수를 나타내는 식을 144÷(6×6)으로 나타낸 경우	5
	③ 한 사람에게 나누어줄 도화지의 수를 4장이라고 한 경우	3
답	4장이라고 쓴 경우	2
	총점	15

 **핵심유형 3**   덧셈, 뺄셈, 곱셈(또는 나눗셈)이 섞여 있는 식

1단계   40, 4 / 3, 3

2단계   남학생, 구슬

3단계   합, 곱한, 차

4단계   4, 3 / 7, 3 / 3, 3, 7 / 21, 19

5단계   19

1단계   3, 4, 56, 3

2단계   남은

3단계   여학생, 사탕, 빼서

4단계   3, 4 / 56, 4 / 56, 4, 3 / 56, 7, 3 / 8, 3, 5

5단계   따라서 성진이에게 남은 사탕의 수는 5개입니다.

❶

풀이   27, 5, 27, 27 / 32, 135, 103

답   103

오답 제로를 위한 **채점 기준표**

	세부 내용	점수
풀이 과정	① 27◎5에 대한 식을 바르게 세운 경우	4
	② 27◎5를 103으로 계산한 경우	5
답	103이라고 쓴 경우	1
	총점	10

❷

풀이   가 대신에 14를, 나 대신에 7을 넣으면 14◆7=14÷7+(14-7)입니다. ( )가 있는 식은 ( ) 안을 먼저 계산해야 하므로 가장 먼저 14-7을 계산합니다. 따라서 14◆7=14÷7+(14-7)=14÷7+7=2+7=9입니다.

답   9

오답 제로를 위한 **채점 기준표**

	세부 내용	점수
풀이 과정	① 14◆7에 대한 식을 바르게 세운 경우	8
	② 14◆7을 9로 계산한 경우	5
답	9라고 쓴 경우	2
	총점	15

 제시된 풀이는 **모범답안**이므로 **채점 기준표**를 참고하여 채점하세요.

 덧셈, 뺄셈, 곱셈, 나눗셈이
섞여 있는 식

STEP 1 ·· P. 21

1단계 350, 7 / 120, 6 / 3, 5000

2단계 귤, 사과, 3 / 5000

3단계 상자, 합, 빼서, 곱하여

4단계 7, 6 / 7, 6 / 20, 70 / 67, 335000

5단계 335000

STEP 2 ·· P. 22

1단계 800, 3200

2단계 5000, 남은

3단계 5000, 합, 뺍니다

4단계 800, 3200, 8 / 5000, 3200, 8 / 5000, 400 / 5000, 1200 / 3800

5단계 따라서 현주에 남은 돈은 3800원입니다.

STEP 3 ·· P. 23

❶

풀이 3000, 8 / 5, 3 / 15000, 3000, 8, 3 / 7500, 3600, 11100 / 3900

답 3900원

오답 제로를 위한 **채점 기준표**

	세부 내용	점수
풀이 과정	① 사과 한 개의 값을 바르게 구한 경우	2
	② 참외 한 개의 값을 바르게 구한 경우	2
	③ 거스름돈을 구하기 위한 식을 15000-(3000÷2× 5+9600÷8×3)이라고 쓴 경우	4
	④ 거스름돈을 3900원이라고 쓴 경우	1
답	3900원이라고 쓴 경우	1
	총점	10

❷

풀이 (무 한 개의 값)=800(원)

(배추 한 포기 값)=8400÷3(원)

무 3개와 배추 5포기를 샀을 때, 20000원을 내고 받아야 할 거스름돈은

(거스름 돈)=(지불한 돈)-(무 3개와 배추 5포기의 값의 합)

=20000-(무 3개와 배추 5포기의 값의 합)

=20000-(800×3+8400÷3×5)

=20000-(2400+14000)

=20000-16400=3600(원)입니다.

답 3600원

오답 제로를 위한 **채점 기준표**

	세부 내용	점수
풀이 과정	① 배추 한 포기의 값을 바르게 구한 경우	5
	② 거스름돈을 구하기 위한 식을 바르게 쓴 경우	5
	③ 거스름돈을 3600원이라고 쓴 경우	3
답	3600원이라고 쓴 경우	2
	총점	15

 실력 다지기

·· P. 24

❶

풀이 나는 12살이므로 (언니의 나이)=(내 나이)+5=12+5 (살)입니다. 따라서 (아버지의 나이)=(언니의 나이)×4-23 =(12+5)×4-23=68-23=45(살)입니다. 따라서 아버지의 나이는 45살입니다.

답 45살

오답 제로를 위한 **채점 기준표**

	세부 내용	점수
풀이 과정	① 언니의 나이를 바르게 구한 경우	7
	② 아버지의 나이를 구하는 식을 (12+5)×4-23이라고 쓴 경우	7
	③ 아버지의 나이를 45살이라고 쓴 경우	4
답	45살이라고 쓴 경우	2
	총점	20

❷

풀이 하루에 나누어줄 수 있는 공은 2000÷5(개)입니다.
첫날 오전에 공을 나누어 준 사람 수는 33+47(명)이고,
나누어준 공의 수는 (33+47)×2(개)입니다. 따라서
(첫날 오후에 나누어줄 수 있는 공의 수)
=(하루에 나누어줄 수 있는 공의 수)
　-(오전에 나누어줄 수 있는 공의 수)
=2000÷5-(33+47)×2
=2000÷5-80×2
=400-80×2
=400-160
=240(개)입니다.

답 240개

	세부 내용	점수
풀이 과정	① 하루에 나누어줄 수 있는 공을 2000÷5(개)라고 나타낸 경우	3
	② 나누어준 공의 수를 (33+47)×2라고 나타낸 경우	6
	③ 첫날 오후에 나누어줄 수 있는 공의 수를 구하는 식을 2000÷5-(33+47)×2라고 나타낸 경우	6
	④ 첫날 오후에 나누어줄 수 있는 공의 수를 240개라고 한 경우	3
답	240개라고 쓴 경우	2
	총점	**20**

❸

풀이 화씨온도에서 32를 뺀 수에 5를 곱하고 9로 나누면 섭씨
온도가 되므로 기온이 86°F일 때 섭씨온도를 구하면
(기온이 86°F일 때 섭씨온도)=(86-32)×5÷9=54×5÷
9=30(℃)입니다.

답 30℃

	세부 내용	점수
풀이 과정	① 섭씨온도를 구하는 식을 바르게 나타낸 경우	9
	② 섭씨온도를 30℃라고 한 경우	9
답	30℃라고 쓴 경우	2
	총점	**20**

❹

풀이 (크림빵 한 개의 값)=900원,
(낸 돈)=(크림빵 5개의 값)+(단팥빵 4개의 값)+(남은 돈)이므로
(단팥빵 4개의 값)=(낸 돈)-(크림빵 5개의 값)-(남은 돈)이고
(단팥빵 한 개의 값)=(단팥빵 4개의 값)÷4입니다.
따라서
(단팥빵 한 개의 값)=(10000-900×5-500)÷4
=(10000-4500-500)÷4=(5500-500)÷4
=5000÷4=1250(원)입니다.

답 1250원

	세부 내용	점수
풀이 과정	① 크림빵 5개의 값을 4500원이라고 한 경우	6
	② 단팥빵 4개의 값을 구하는 식을 (10000-(900×500)-500)으로 나타낸 경우	6
	③ 단팥빵 한 개의 값을 1250원이라고 한 경우	6
답	1250원이라고 쓴 경우	2
	총점	**20**

 나만의 문제 만들기

P. 26

문제 VR체험관에 많은 사람들이 있었어요. 32명이 체험을 하고 있었는데 1시간 후 18명이 체험을 끝내고 나간 뒤 다시 7명이 입장하였어요. 현재 VR체험관에는 몇 명이 있는지 풀이 과정을 쓰고, 답을 구하세요.

	세부 내용	점수
문제	① 주어진 수를 사용한 경우	5
	② 주어진 낱말을 사용한 경우	5
	② 덧셈과 뺄셈이 섞여 있는 문제를 만든 경우	5
	총점	**15**

 제시된 풀이는 **모범답안**이므로
채점 기준표를 참고하여 채점하세요.

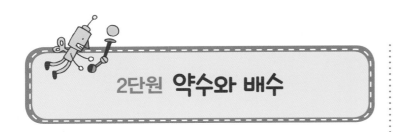

2단원 약수와 배수

 **핵심유형1** 약수

STEP 1 ··· P. 28

1단계 36, 28

2단계 수

3단계 약수

4단계 1, 4, 9, 36 / 9, 2, 4, 14 / 6, 9, 6, 3

5단계 3

STEP 2 ··· P. 29

1단계 15, 25

2단계 약수

3단계 약수

4단계 1, 2, 3, 4, 6, 12 / 6 / 1, 3, 5, 15 / 4 / 1, 2, 3, 4, 6, 8, 12, 24 / 8 / 1, 5, 25 / 3 / 1, 2, 3, 4, 6, 9, 12, 18, 36 / 9 / 9, 8, 6, 4, 3

5단계 따라서 약수의 개수가 가장 많은 수는 36입니다.

STEP 3 ··· P. 30

❶

풀이 1, 2, 3, 4, 6, 12 / 2, 4, 15 / 1, 2, 4, 8, 16 / 2, 4, 14 / 1, 2, 4, 5, 10, 20 / 2, 5, 10, 21 / 14, 15, 21 / 16

답 16

오답 제로를 위한 **채점 기준표**	
세부 내용	점수
① 12의 약수 중 1과 자기 자신을 제외한 약수의 합을 15라고 한 경우	2
② 16의 약수 중 1과 자기 자신을 제외한 약수의 합을 14라고 한 경우	2
③ 20의 약수 중 1과 자기 자신을 제외한 약수의 합을 21이라고 한 경우	2
④ 1과 자기 자신을 제외한 약수의 합이 가장 작은 수를 16이라고 한 경우	3
답 16이라고 쓴 경우	1
총점	10

❷

풀이 18의 약수는 1, 2, 3, 6, 9, 18이고 1과 자기 자신을 제외한 약수의 합은 2+3+6+9=20입니다.

22의 약수는 1, 2, 11, 22이고 1과 자기 자신을 제외한 약수의 합은 2+11=13입니다.

26의 약수는 1, 2, 13, 26이고 1과 자기 자신을 제외한 약수의 합은 2+13=15입니다. 합을 비교하면 13<15<20이므로 1과 자기 자신을 제외한 약수의 합이 가장 큰 수는 18입니다.

답 18

오답 제로를 위한 **채점 기준표**	
세부 내용	점수
① 18의 약수 중 1과 자기 자신을 제외한 약수의 합을 20이라고 한 경우	3
② 22의 약수 중 1과 자기 자신을 제외한 약수의 합을 13이라고 한 경우	3
③ 26의 약수 중 1과 자기 자신을 제외한 약수의 합을 15라고 한 경우	3
④ 1과 자기 자신을 제외한 약수의 합이 가장 큰 수를 18이라고 한 경우	4
답 18이라고 쓴 경우	2
총점	15

 **핵심유형2** 배수

STEP 1 ··· P. 31

1단계 97, 6

2단계 97, 6

3단계 96, 6, 96, 6

4단계 6, 6, 12 / 18, 96, 6 / 96, 16, 16

5단계 16

STEP 2 P. 32

1단계 50, 101, 7

2단계 50, 101, 7

3단계 51, 100, 100 / 50, 뺍니다

4단계 14, 2 / 14 / 7, 1 / 7, 14, 7, 7

5단계 따라서 50보다 크고 101보다 작은 7의 배수의 개수는 7(개)입니다.

STEP 3 P. 33

❶

풀이 54, 54 / 12, 24, 36, 48, 60, 5 / 5 / 54, 5, 49

답 49

오답 제로를 위한 **채점 기준표**

	세부 내용	점수
풀이 과정	① □=54라고 한 경우	3
	② △=5라고 한 경우	3
	③ □−△=49라고 한 경우	3
답	49라고 쓴 경우	1
	총점	10

❷

풀이 18의 배수 중 가장 작은 수는 18의 1배인 수로 18, ★=18입니다. 80보다 작은 10의 배수는 10, 20, 30, 40, 50, 60, 70이고 이 중 가장 큰 수는 70이므로 ♥=70입니다. 따라서 ♥−★=70−18=52입니다.

답 52

오답 제로를 위한 **채점 기준표**

	세부 내용	점수
풀이 과정	① ★=18이라고 한 경우	5
	② ♥=70이라고 한 경우	5
	③ ♥−★=52라고 한 경우	4
답	52라고 쓴 경우	1
	총점	15

핵심유형 3 공약수와 최대공약수

STEP 1 P. 34

1단계 40, 72

2단계 똑같이, 최대 / 바구니

3단계 바구니, 큰 / 최대

4단계 8, 8 / 4, 8 / 8

5단계 8

STEP 2 P. 35

1단계 18, 24

2단계 상자, 합

3단계 최대, 최대, 최대 / 더합니다

4단계 6, 6 / 6, 3 / 6, 4

5단계 따라서 한 상자에 담을 수 있는 구슬 수와 주사위 수의 합은 3+4=7(개)입니다.

STEP 3 P. 36

❶

풀이 2, 3 / 44, 24 / 공약수 / 2, 4, 2 / 3, 4, 4

답 4

오답 제로를 위한 **채점 기준표**

	세부 내용	점수
풀이 과정	① 44와 24를 어떤 수로 나누면 나누어떨어진다고 한 경우	3
	② 44와 24의 최대공약수 4에서 약수 1, 2, 4를 찾아낼 경우	3
	③ 어떤 수가 될 수 있는 수가 4라고 한 경우	3
답	4라고 쓴 경우	1
	총점	10

제시된 풀이는 **모범답안**이므로 채점 기준표를 참고하여 채점하세요.

❷

풀이   어떤 수로 63을 나누면 7이 남고, 36을 나누면 4가 남으므로 63-7=56과 36-4=32를 어떤 수로 나누면 나누어떨어집니다. 56과 32를 나누어떨어지게 하는 수는 56과 32의 공약수이므로 두 수의 최대공약수인 8의 약수 1, 2, 4, 8이고 이 중 63을 나누면 7이 남고, 36을 나누면 4가 남는 수는 8입니다. 따라서 어떤 수가 될 수 있는 수는 8입니다.

답   8

오답 제로를 위한 **채점 기준표**

	세부 내용	점수
풀이 과정	① 56과 32를 어떤 수로 나누면 나누어떨어진다고 한 경우	5
	② 56과 32의 최대공약수 8에서 약수 1, 2, 4, 8을 찾아낼 경우	5
	③ 어떤 수가 될 수 있는 수가 8이라고 한 경우	4
답	8이라고 쓴 경우	1
	총점	15

핵심유형 4   공배수와 최소공배수

STEP 1   .... P. 37

1단계   12, 300

2단계   지연

3단계   30, 공배수

4단계   60, 60, 60 / 최소공배수 / 60, 120 / 180, 240

5단계   60, 120 / 180, 240

STEP 2   .... P. 38

1단계   24, 32

2단계   작은

3단계   공배수

4단계   24 / 72, 96 / 32, 64, 96

5단계   따라서 두 수 ㉠과 ㉡, ㉢과 ㉣의 공배수 중 공통인 가장 작은 수는 96입니다.

STEP 3   .... P. 39

❶

풀이   작은 / 세로, 최소공배수, 6, 12 / 12, 작은 / 4, 3, 6 / 2, 3, 2, 6

답   6장

오답 제로를 위한 **채점 기준표**

	세부 내용	점수
풀이 과정	① 크기가 가장 작은 정사각형의 한 변의 길이가 직사각형 모양 색종이의 가로, 세로의 길이의 최소공배수와 같다고 한 경우	3
	② 가장 작은 정사각형의 한 변의 길이를 12 cm라고 한 경우	3
	③ 가장 작은 정사각형을 만들 때 필요한 직사각형 모양의 색종이가 총 6장 필요하다고 한 경우	3
답	6장이라고 쓴 경우	1
	총점	10

❷

풀이   크기가 가장 작은 정사각형의 한 변의 길이는 직사각형 모양 조각의 가로, 세로의 최소공배수와 같습니다. 12와 8의 최소공배수는 24이므로 가장 작은 정사각형의 한 변의 길이는 24 cm입니다. 따라서 가장 작은 정사각형을 만들 때 직사각형 모양 조각은 가로로 24÷12=2(개), 세로로 24÷8=3(개)가 필요하므로 모두 2×3=6(개)가 필요합니다.

답   6개

오답 제로를 위한 **채점 기준표**

	세부 내용	점수
풀이 과정	① 크기가 가장 작은 정사각형의 한 변의 길이가 직사각형 모양 조각의 가로, 세로의 길이의 최소공배수와 같다고 한 경우	4
	② 가장 작은 정사각형의 한 변의 길이를 24 cm라고 한 경우	5
	③ 가장 작은 정사각형을 만들 때 필요한 직사각형 모양 조각이 총 6개 필요하다고 한 경우	5
답	6개라고 쓴 경우	1
	총점	15

❶

풀이 3과 5로 나누어떨어지는 수는 3과 5의 공배수이고 1부터 55까지의 자연수 중 3과 5의 공배수는 15, 30, 45입니다. 15의 약수는 1, 3, 5, 15로 4개, 30의 약수는 1, 2, 3, 5, 6, 10, 15, 30으로 8개, 45의 약수는 1, 3, 5, 9, 15, 45로 6개이므로 조건을 모두 만족하는 수는 45입니다.

답 45

오답 제로를 위한 **채점 기준표**

	세부 내용	점수
풀이 과정	① 1부터 55까지의 자연수 중 3과 5의 공배수를 15, 30, 45라고 한 경우	6
	② 15, 30, 45의 약수를 각각 4개, 8개, 6개라고 한 경우	6
	③ 조건을 모두 만족하는 수를 45라고 한 경우	6
답	45라고 쓴 경우	2
	총점	20

❷

풀이 어떤 두 수의 최대공약수와 최소공배수의 곱은 어떤 두 수의 곱과 같습니다. 15×180=45×(다른 한 수)이므로 (다른 한 수)=2700÷45=60입니다.

답 60

오답 제로를 위한 **채점 기준표**

	세부 내용	점수
풀이 과정	① 어떤 두 수의 최대공약수와 최소공배수의 곱이 어떤 두 수의 곱과 같다고 한 경우	6
	② 15×180=45×(다른 한 수)라는 식을 세운 경우	6
	③ (다른 한 수)를 60이라고 한 경우	6
답	60이라고 쓴 경우	2
	총점	20

❸

풀이 같은 톱니에서 다시 맞물릴 때까지 돌아간 톱니의 개수는 24와 42의 공배수와 같으므로 처음으로 다시 맞물릴 때까지 돌아간 톱니의 개수는 24와 42의 최소공배수와 같습니다. 24=2×2×2×3, 42=2×3×7이므로 24와 42의 최소공배수는 2×2×2×3×7=168입니다. 따라서 두 톱니바퀴가 처음으로 다시 같은 톱니에서 맞물릴 때까지 돌아간 톱니는 168개입니다.

답 168개

오답 제로를 위한 **채점 기준표**

	세부 내용	점수
풀이 과정	① 같은 톱니에서 다시 맞물릴 때까지 돌아간 톱니의 개수가 24와 42의 공배수라고 한 경우	9
	② 다시 맞물릴 때까지 돌아간 톱니의 개수를 168개라고 한 경우	9
답	168개라고 쓴 경우	2
	총점	20

❹

풀이 (가로에 놓을 수 있는 정사각형 모양 형겊의 수)×(세로에 놓을 수 있는 정사각형 모양 형겊의 수)가 72가 되는 경우를 두 수의 곱으로 나타내면 1×72, 2×36, 3×24, 4×18, 6×12, 8×9, 9×8, 12×6, 18×4, 24×3, 36×2, 72×1입니다. 이 중 뒤집거나 돌렸을 때 같은 모양은 한 가지로 생각해야 하므로 만들 수 있는 조각보의 종류는 6가지입니다.

답 6가지

오답 제로를 위한 **채점 기준표**

	세부 내용	점수
풀이 과정	① (가로에 놓을 수 있는 정사각형 모양 형겊의 수)×(세로에 놓을 수 있는 정사각형 모양 형겊의 수)가 72가 되는 경우를 두 수의 곱으로 바르게 나타낸 경우	9
	② 뒤집거나 돌렸을 때 같은 모양은 한 가지로 생각해야 하므로 만들 수 있는 조각보의 종류가 6가지라고 한 경우	9
답	6가지라고 나타낸 경우	2
	총점	20

제시된 풀이는 **모범답안**이므로
채점 기준표를 참고하여 채점하세요.

P. 42

문제 77과 44 중 약수의 개수가 더 많은 수는 어느 것인지 구하려고 합니다. 풀이 과정을 쓰고, 답을 구하세요.

오답 제로를 위한 **채점 기준표**

	세부 내용	점수
문제	① 주어진 수를 사용한 경우	5
	② 주어진 낱말을 사용한 경우	5
	③ 약수의 개수를 비교하는 문제를 만든 경우	5
	총점	15

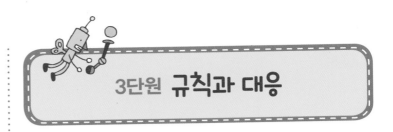

3단원 규칙과 대응

 핵심유형 1 두 양 사이의 관계

STEP 1

P. 44

1단계

2단계 10, 노란색

3단계 않는, 대응

4단계 노란색, 2 / 1, 오른쪽 / 노란색, 2, 많습니다

5단계 10, 2, 12

STEP 2

P. 45

1단계

2단계 20, 삼각형

3단계 않는, 대응

4단계 1, 2 / 2 / 2, 1

5단계 따라서 사각형이 20개일 때 삼각형의 수는 20×2+1 =41(개)입니다.

STEP 3

P. 46

❶

풀이 횟수, 표,

자른 횟수(번)	1	2	3
도막 수(도막)	2	3	4

1, 1

오답 제로를 위한 **채점 기준표**

	세부 내용	점수
풀이 과정	① 나무도막을 자른 횟수와 도막 수 사이의 대응 관계를 표로 바르게 나타낸 경우	2
	② [방법1] : 나무도막을 자른 횟수에 1을 더하면 도막의 수와 같음을 말한 경우	4
	③ [방법2] : 도막의 수에서 1을 빼면 나무도막을 자른 횟수와 같음을 말한 경우	4
답	풀이 참조	−
	총점	10

❷

풀이 식탁의 수와 의자의 수 사이의 대응 관계를 표로 나타내면 다음과 같습니다.

식탁의 수(개)	1	2	3	……
의자의 수(개)	6	12	18	……

답 [방법1] 의자의 수는 식탁의 수에 6배와 같습니다.

[방법2] 식탁의 수는 의자의 수를 6으로 나눈 값과 같습니다.

오답 제로를 위한 **채점 기준표**

	세부 내용	점수
풀이 과정	① 식탁의 수와 의자의 수 사이의 대응 관계를 표로 바르게 나타낸 경우	5
	② [방법1] : 의자의 수는 식탁의 수에 6배와 같음을 말한 경우	5
	③ [방법2] : 식탁 수는 의자의 수를 6으로 나눈 값과 같음을 말한 경우	5
답	풀이 참조	–
총점		15

 **핵심유형2** 대응 관계를 식으로 나타내기

STEP 1 P. 48

1단계 200, △

2단계 △, △ / 대응

3단계 대응

4단계 200 / 늘어날, 200 / 200, △, 200 / □

5단계 200×□, △÷200

STEP 2 P. 49

1단계 2, 4 / ★, ♥

2단계 모둠, 대응

3단계 대응

4단계 2, 4 / 6, 6 / 6, 6

5단계 따라서 ★과 ♥ 사이의 대응 관계를 식으로 나타내면 6×★=♥ 또는 ♥÷6=★입니다.

STEP 3 P. 50

❶

풀이 5, 5, 2, 13 / 13, 19 / 19, 3, 7 / 13, 7

답 13, 7

오답 제로를 위한 **채점 기준표**

	세부 내용	점수
풀이 과정	① ♠가 5일 때 ◆의 값을 13이라고 한 경우	3
	② ◆가 19일 때 ♣의 값을 7이라고 한 경우	3
	③ 구하려는 값을 차례로 13, 7이라고 한 경우	3
답	13, 7이라고 쓴 경우	1
총점		10

❷

풀이 12÷♠+3=♥에서 ♠=4일 때 12÷4+3=6이므로 ♥=6입니다. 12÷♠+3=♥에서 ♠=12÷(♥-3)이므로 ♥=7일 때 ♠=12÷(7-3)=3입니다. 따라서 구하려는 값을 차례로 쓰면 6, 3입니다.

답 6, 3

오답 제로를 위한 **채점 기준표**

	세부 내용	점수
풀이 과정	① ♠가 4일 때 ♥의 값을 6이라고 한 경우	5
	② ♥가 7일 때 ♠의 값을 3이라고 한 경우	5
	③ 구하려는 값을 차례로 6, 3이라고 한 경우	3
답	6, 3이라고 쓴 경우	2
총점		15

 **핵심유형3** 생활 속 대응 관계

STEP 1 P. 51

1단계 7000

2단계 4, 입장료

3단계 사람, 입장료, 대응

4단계 7000 / 4, 28000

5단계 7000, 28000

 제시된 풀이는 모범답안이므로 채점 기준표를 참고하여 채점하세요.

STEP 2

1단계 850, 8500

2단계 ★, 합

3단계 곱하면, 나누면

4단계 850, 850 / 850, 10, 10 / 850, 10, 860

5단계 따라서 □와 ★의 합은 860입니다.

STEP 3

❶

풀이 사진, 4, 식 / 4, 누름못, 15 / 15, 60

답 4×(사진의 수)=(누름못의 수), 60개

오답 제로를 위한 **채점 기준표**

	세부 내용	점수
풀이 과정	① 사진의 수와 누름못의 수 사이의 대응 관계를 식으로 바르게 나타낸 경우	4
	② 사진 15장을 붙일 때 필요한 누름못의 수를 60개라고 한 경우	5
답	60개라고 쓴 경우	1
	총점	10

❷

풀이 팔찌 한 개를 만들 때마다 구슬이 12개씩 늘어나므로 구슬 수와 팔찌 수 사이의 대응 관계를 식으로 나타내면 12×(팔찌 수)=(구슬 수)이고, 팔찌 23개를 만들 때 필요한 구슬 수는 12×23=276(개)입니다.

답 12×(팔찌 수)=(구슬 수), 276개

오답 제로를 위한 **채점 기준표**

	세부 내용	점수
풀이 과정	① 구슬 수와 팔찌 수 사이의 대응 관계를 식으로 바르게 나타낸 경우	6
	② 팔찌 23개를 만들 때 필요한 구슬 수를 276개라고 한 경우	7
답	276개라고 쓴 경우	2
	총점	15

 **실력 다지기**

❶

풀이 사진의 수와 누름못의 수 사이의 대응 관계를 표로 나타내면

사진의 수(△)	1	2	3	……
누름못의 수(□)	4	6	8	……

입니다. 처음 누름못의 수 2개는 변하지 않고 사진의 수가 1씩 커질 때마다 누름못의 수는 2씩 커집니다. 누름못의 수와 사진의 수 사이의 대응 관계를 식으로 나타내면 (누름못의 수)=2+(사진의 수)×2이므로 대응 관계를 □, △를 이용한 식으로 나타내면 □=2+△×2입니다.

답 □=2+△×2 (또는 □=4+(△-1)×2)

오답 제로를 위한 **채점 기준표**

	세부 내용	점수
풀이 과정	① 사진의 수와 누름못의 수 사이의 대응 관계를 표로 바르게 나타낸 경우	6
	② 사진의 수가 1 커질 때마다 누름못의 수가 2 커짐을 말한 경우	6
	③ 누름못의 수를 □, 사진의 수를 △라고 했을 때 대응 관계를 식으로 바르게 나타낸 경우	6
답	□=2+△×2 (또는 □=4+(△-1)×2) 라고 쓴 경우	2
	총점	20

❷

풀이 수 카드의 수와 모양 조각의 수 사이의 대응 관계를 표로 나타내면

수 카드의 수(★)	1	2	3	……
모양 조각의 수(▲)	2	4	6	……

입니다. 모양 조각의 수는 수 카드의 수의 2배이고, 수 카드의 수는 모양 조각의 수를 2로 나눈 것과 같습니다. 따라서 ★과 ▲ 사이의 대응 관계를 2가지 식으로 나타내면 ▲=★×2와 ★=▲÷2입니다.

답 ▲=★×2, ★=▲÷2

오답 제로를 위한 **채점 기준표**

	세부 내용	점수
풀이 과정	① 수 카드의 수와 모양 조각의 수 사이의 대응 관계를 표로 바르게 나타낸 경우	6
	② 모양 조각의 수는 수 카드의 수의 2배임을 설명한 경우	6
	③ ★과 ▲를 이용하여 대응 관계를 식으로 바르게 나타낸 경우	6
답	▲=★×2, ★=▲÷2라고 쓴 경우	2
	총점	20

❸

풀이 공깃돌의 수는 배열 순서의 수를 두 번 곱한 수와 같습니다. 따라서 7번째 놓을 공깃돌의 수는 7×7=49 (개)입니다.

답 49개

	세부 내용	점수
풀이 과정	① 공깃돌의 수는 배열 순서의 수를 두 번 곱한 수와 같음을 설명한 경우	9
	② 7번째 놓을 공깃돌의 수를 49(개)라고 한 경우	9
답	49개라고 쓴 경우	2
	총점	20

오답 제로를 위한 **채점 기준표**

❹

풀이 위의 2개의 초록색 사각형은 변하지 않고 그 아래에 배열 순서를 나타내는 수 카드의 수의 2배만큼 분홍색 사각형이 늘어납니다. 따라서 예순째에 놓을 사각형의 수는 2+60×2=122(개)입니다.

답 122개

	세부 내용	점수
풀이 과정	① 초록색의 수가 변하지 않음을 설명한 경우	6
	② 초록색 아래에 배열 순서를 나타내는 수 카드의 수의 2배만큼 분홍색 사각형이 늘어남을 설명한 경우	6
	③ 예순째에 놓을 사각형의 수를 122개라고 한 경우	6
답	122개라고 쓴 경우	2
	총점	20

오답 제로를 위한 **채점 기준표**

P. 58

문제 대응 관계를 나타낸 식을 보고, 식에 알맞은 상황을 만들려고 합니다. 풀이 과정을 쓰고, 답을 구하세요.

	세부 내용	점수
문제	① 주어진 식을 사용한 경우	5
	② 주어진 낱말을 사용한 경우	5
	③ 나이를 대응 관계로 나타내는 문제를 만든 경우	5
	총점	15

오답 제로를 위한 **채점 기준표**

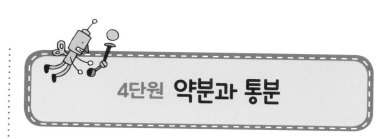

4단원 **약분과 통분**

크기가 같은 분수

STEP 1 .... P. 60

[1단계] 12, 11, 108

[2단계] ㉡, ㉢

[3단계] 0, 같은 / 같은

[4단계] 9, 9 / 9, 9, 99 / 9, 9 / 99 / 9, 9, 99, 117

[5단계] 117

STEP 2 .... P. 61

[1단계] 4, 21

[2단계] ㉡

[3단계] 0, 같은 / 같은

[4단계] 3, 12 / 3, 3, 9 / 7, 7, 28 / 9, 28 / 9, 28, 37

[5단계] 따라서 ㉠+㉡은 37입니다.

STEP 3 .... P. 62

❶

풀이 $\frac{60}{96}$, $\frac{5}{8}$ / $\frac{10}{16}$, $\frac{15}{24}$, $\frac{20}{32}$, $\frac{30}{48}$ / $\frac{15}{24}$, $\frac{20}{32}$, $\frac{25}{40}$, $\frac{30}{48}$ / 4

답 4개

제시된 풀이는 모범답안이므로
채점 기준표를 참고하여 채점하세요.

	세부 내용	점수
풀이 과정	① $\frac{60}{96}$ 이 $\frac{5}{8}$ 와 크기가 같은 분수라고 한 경우	3
	② $\frac{5}{8}$ 와 크기가 같은 분수 중에서 분모가 20보다 크고 50보다 작은 수를 $\frac{15}{24}$, $\frac{20}{32}$, $\frac{25}{40}$, $\frac{30}{48}$ 이라고 한 경우	6
답	4개라고 쓴 경우	1
	총점	10

오답 제로를 위한 채점 기준표

❷

풀이 $\frac{24}{120}$ 의 분모와 분자를 똑같이 24로 나누면 $\frac{24}{120}$ 는 $\frac{1}{5}$ 과 크기가 같은 분수입니다. $\frac{1}{5}$ 과 크기가 같은 분수는

$$\frac{1}{5} = \frac{2}{10} = \frac{3}{15} = \frac{4}{20} = \frac{5}{25} = \frac{6}{30} = \frac{7}{35} = \frac{8}{40} = \cdots\cdots \text{이므로}$$

분모가 20보다 크고 40보다 작은 수는 $\frac{5}{25}$, $\frac{6}{30}$, $\frac{7}{35}$ 로 모두 3개입니다.

답 3개

오답 제로를 위한 채점 기준표

	세부 내용	점수
풀이 과정	① $\frac{24}{120}$ 가 $\frac{1}{5}$ 과 크기가 같은 분수라고 한 경우	5
	② $\frac{1}{5}$ 과 크기가 같은 분수 중에서 분모가 20보다 크고 40보다 작은 수를 $\frac{6}{25}$, $\frac{6}{30}$, $\frac{7}{35}$ 이라고 한 경우	8
답	3개라고 쓴 경우	2
	총점	15

핵심유형 2 약분, 기약분수

1단계 12

2단계 12, 진분수, 기약분수

3단계 공약수

4단계 $\frac{1}{12}$, $\frac{2}{12}$, $\frac{3}{12}$ / $\frac{11}{12}$, 1 / $\frac{1}{12}$, $\frac{5}{12}$, $\frac{7}{12}$, $\frac{11}{12}$

5단계 4

1단계 10

2단계 10, 가분수, 기약분수

3단계 공약수

4단계 2, 3, 4, 5, 6, 7 / 8, 9 / $\frac{10}{3}$, $\frac{10}{7}$, $\frac{10}{9}$

5단계 따라서 분자가 10인 가분수 중에서 기약분수는 3개입니다.

❶

풀이 분모, 공약수 / 48, 1, 2, 4, 8, 16 / 4, 4

답 4가지

오답 제로를 위한 채점 기준표

	세부 내용	점수
풀이 과정	① $\frac{16}{48}$ 을 약분하기 위해 분모와 분자를 그들의 공약수로 나누어야 한다고 한 경우	3
	② 48과 16의 공약수를 1, 2, 4, 8, 16이라고 한 경우	3
	③ 1을 제외하고 $\frac{16}{48}$ 을 약분할 수 있는 수가 4개라고 한 경우	3
답	4가지라고 쓴 경우	1
	총점	10

❷

풀이 $\frac{36}{54}$ 을 약분하려면 분모와 분자를 그들의 공약수로 나누어야 합니다. 54와 36의 공약수는 1, 2, 3, 6, 9, 18이고, 1을 제외하고 $\frac{36}{54}$ 을 약분할 수 있는 수는 5개입니다. 따라서 $\frac{36}{54}$ 을 약분한 분수는 모두 5가지입니다.

답 5가지

오답 제로를 위한 채점 기준표

	세부 내용	점수
풀이 과정	① $\frac{36}{54}$ 을 약분하기 위해 분모와 분자를 그들의 공약수로 나누어야 한다고 한 경우	5
	② 36과 54의 공약수를 1, 2, 3, 6, 9, 18이라고 한 경우	5
	③ 1을 제외하고 $\frac{36}{54}$ 을 약분할 수 있는 수가 5개라고 한 경우	4
답	5가지라고 쓴 경우	1
	총점	15

핵심유형 3 — 통분, 공통분모

STEP 1 .... P. 66

1단계 $\dfrac{5}{12}$

2단계 두, 큰

3단계 공배수

4단계 공배수 / 최소공배수, 24, 24 / 24, 48, 72, 96

5단계 96

STEP 2 .... P. 67

1단계 $\dfrac{29}{36}, \dfrac{23}{27}$

2단계 세, 큰

3단계 공배수

4단계 공배수 / 최소공배수, 108 / 108 / 108, 972

5단계 따라서 $\dfrac{29}{36}$와 $\dfrac{23}{27}$의 공통분모 중 세 자리 수 중에서 가장 큰 수는 972입니다.

STEP 3 .... P. 68

❶

풀이 통분, 작은 / 최소공배수, 24, $\dfrac{9}{24}, \dfrac{14}{24}$ / 9, 14, 23

답 23

오답 제로를 위한 **채점 기준표**

	세부 내용	점수
풀이 과정	① $\dfrac{3}{8}$과 $\dfrac{7}{12}$의 공통분모인 24로 각각 바르게 통분한 경우	6
	② 통분하였을 때 분자끼리의 합을 23이라고 한 경우	3
답	23이라고 쓴 경우	1
	총점	10

❷

풀이 $\dfrac{11}{20}$과 $\dfrac{18}{35}$을 통분할 때, 공통분모 중 가장 작은 수는 분

모 20과 35의 최소공배수인 140이므로 $\dfrac{11}{20} = \dfrac{77}{140}$이

고, $\dfrac{18}{35} = \dfrac{72}{140}$입니다. 따라서 통분하였을 때 분자끼리의

차는 77-72=5입니다.

답 5

오답 제로를 위한 **채점 기준표**

	세부 내용	점수
풀이 과정	① $\dfrac{11}{20}$과 $\dfrac{18}{35}$의 공통분모인 140으로 각각 바르게 통분한 경우	8
	② 통분하였을 때 분자끼리의 차를 5라고 한 경우	5
답	5라고 쓴 경우	2
	총점	15

핵심유형 4 — 분수의 크기 비교

STEP 1 .... P. 69

1단계 $\dfrac{5}{6}, \dfrac{7}{9}$

2단계 배추, 무거운

3단계 $\dfrac{5}{6}$, 큰 / 통분, 큰

4단계 $\dfrac{7}{9}$, 18 / 통분, $\dfrac{15}{18}$ / $\dfrac{15}{18}, >, \dfrac{5}{6}, >$

5단계 배추 한 포기

STEP 2 .... P. 70

1단계 $\dfrac{5}{8}, \dfrac{7}{10}$

2단계 많은지

3단계 $\dfrac{7}{10}$, 큰 / 통분, 큰

4단계 $\dfrac{7}{10}$, 52 / $\dfrac{28}{40}, <, \dfrac{28}{40}$ / $<, \dfrac{7}{10}$

5단계 따라서 병준이가 마신 우유가 더 많습니다.

제시된 풀이는 **모범답안**이므로
채점 기준표를 참고하여 채점하세요.

STEP 3

❶

풀이 60, 통분 / 5, 60 / 4, 52, 60 / 52, 분자, 52 / 10

답 10개

오답 제로를 위한 **채점 기준표**

세부 내용		점수
풀이 과정	① 두 분수의 공통분모인 60으로 통분한 경우	3
	② $\dfrac{\Box \times 5}{60} < \dfrac{52}{60}$ 에서 $\Box \times 5 < 52$를 얻어낸 경우	3
	③ $\Box$ 안에 들어갈 수 있는 자연수가 10개라고 한 경우	3
답	10개라고 쓴 경우	1
총점		10

❷

풀이 분자를 같게 하여 분모를 비교합니다. 분자 4와 6의 최소공배수는 12이므로 $\dfrac{4}{\Box} = \dfrac{4 \times 3}{\Box \times 3} = \dfrac{12}{\Box \times 3}$ 이고, $\dfrac{6}{7} = \dfrac{6 \times 2}{7 \times 2} = \dfrac{12}{14}$ 이므로 $\dfrac{12}{\Box \times 3} > \dfrac{12}{14}$ 입니다. 분자가 같은 분수는 분모가 작을수록 크므로 분모를 비교하면 $\Box \times 3 < 14$ 이고, $\Box$ 안에 들어갈 수 있는 자연수는 1, 2, 3, 4로 모두 4개입니다.

답 4개

오답 제로를 위한 **채점 기준표**

세부 내용		점수
풀이 과정	① 두 분수의 분자를 12로 같게 하여 분모를 비교했을 경우	5
	② $\dfrac{12}{\Box \times 3}$ 에서 $\Box \times 3 < 14$를 얻어낸 경우	5
	③ $\Box$ 안에 들어갈 수 있는 자연수가 4개라고 한 경우	3
답	4개라고 쓴 경우	2
총점		15

실력 다지기

❶

풀이 어떤 분수를 $\dfrac{\blacktriangle}{\blacksquare}$ 라 하면 $\dfrac{(\blacktriangle + 6) \div 4}{(\blacksquare - 8) \div 4} = \dfrac{5}{13}$ 입니다. $\blacktriangle = 5 \times 4 - 6 = 14$ 이고, $\blacksquare = 13 \times 4 + 8 = 60$ 이므로 어떤 분수는 $\dfrac{14}{60}$ 입니다. $\dfrac{14}{60}$ 를 기약분수로 나타내면 $\dfrac{7}{30}$ 입니다.

답 $\dfrac{7}{30}$

오답 제로를 위한 **채점 기준표**

세부 내용		점수
풀이 과정	① 어떤 분수에 대한 식을 $\dfrac{(\blacktriangle + 6) \div 4}{(\blacksquare - 8) \div 4}$ 로 나타낸 경우	6
	② 어떤 분수식을 $\dfrac{5}{13}$ 으로 계산한 경우	4
	③ 어떤 분수를 $\dfrac{14}{60}$ 이라고 한 경우	4
	④ $\dfrac{14}{60}$ 를 기약분수로 나타낸 값을 $\dfrac{7}{30}$ 이라고 한 경우	4
답	$\dfrac{7}{30}$ 을 쓴 경우	2
총점		20

❷

풀이 $\dfrac{1}{2}$ 은 분자가 분모의 반과 같은 수이므로 $\dfrac{1}{2}$ 보다 큰 분수는 분자가 분모의 반보다 큰 수입니다. $\dfrac{12}{51}$ 와 $\dfrac{18}{39}$ 는 분자가 분모의 반보다 작으므로 $\dfrac{1}{2}$ 보다 작고 $\dfrac{18}{24}$ 은 분자가 분모의 반인 12보다 크므로 $\dfrac{1}{2}$ 보다 큽니다. 따라서 게임에서 이긴 사람은 민철입니다.

답 민철

오답 제로를 위한 **채점 기준표**

세부 내용		점수
풀이 과정	① $\dfrac{12}{51}$ 와 $\dfrac{18}{39}$ 이 $\dfrac{1}{2}$ 보다 작다고 한 경우	6
	② $\dfrac{18}{39}$ 이 $\dfrac{1}{2}$ 보다 크다고 한 경우	6
	③ 민철이가 게임에서 이겼다고 한 경우	6
답	민철이라고 쓴 경우	2
총점		20

❸

풀이 남은 떡이 가장 많은 사람은 먹은 떡이 가장 적은 사람입니다. $\dfrac{2}{5}, \dfrac{3}{4}, \dfrac{5}{8}$ 를 통분하면 분모의 최소공배수가 40이므로 $\dfrac{16}{40}, \dfrac{30}{40}, \dfrac{25}{40}$ 이므로 먹은 떡이 가장 적은 사람은 영주입니다. 따라서 남은 떡이 가장 많은 사람은 영주입니다.

답 영주

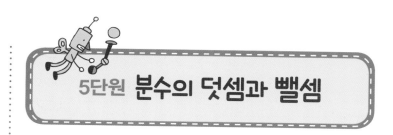

5단원 분수의 덧셈과 뺄셈

받아올림이 없는 분모가 다른 진분수의 덧셈

STEP 1

P. 76

1단계 $\frac{2}{7}$, $\frac{2}{5}$ / 210

2단계 어제, 쪽

3단계 더하고

4단계 $\frac{2}{5}$, $\frac{10}{35}$, $\frac{24}{35}$ / $\frac{24}{35}$ / $\frac{24}{35}$, 144

5단계 144

STEP 2

P. 77

1단계 $\frac{7}{20}$, $\frac{21}{40}$, 1400

2단계 노란색, 넓이

3단계 더하고

4단계 $\frac{7}{20}$, $\frac{21}{40}$, $\frac{14}{40}$, 35, $\frac{7}{8}$ / $\frac{7}{8}$ / $\frac{7}{8}$, 1225

5단계 따라서 노란색과 초록색으로 칠한 부분의 넓이는 1225 cm²입니다.

STEP 3

P. 78

❶

풀이 14, 42, 84, 56, 3 / 최소공배수 / 7, 42, 28, 2

답 $\frac{2}{3}$

 제시된 풀이는 **모범답안**이므로 **채점 기준표**를 참고하여 채점하세요.

세부 내용		점수
풀이 과정	① $\frac{2}{5}$, $\frac{3}{4}$, $\frac{5}{8}$ 를 바르게 통분한 경우	9
	② 떡이 가장 많이 남은 사람이 영주라고 한 경우	9
답	영주라고 쓴 경우	2
총점		20

❹

풀이 분자가 분모보다 1만큼 더 작은 경우 분모와 분자가 클 수록 분수의 크기가 크다는 것을 알 수 있습니다. 따라서 주어진 분수들의 크기를 비교하면 $\frac{12}{13} > \frac{10}{11} > \frac{9}{10}$ $> \frac{8}{9} > \frac{7}{8}$ 이므로 가장 큰 분수는 $\frac{12}{13}$ 입니다.

답 $\frac{12}{13}$

세부 내용		점수
풀이 과정	① 분자가 분모보다 1만큼 더 작은 경우 분모와 분자가 클 수록 분수의 크기가 크다는 것을 이해한 경우	6
	② 주어진 분수들의 크기를 바르게 비교한 경우	6
	③ 가장 큰 분수를 $\frac{12}{13}$ 라고 한 경우	6
답	$\frac{12}{13}$ 라고 나타낸 경우	2
총점		20

P. 74

문제 $\frac{8}{12}$ 을 기약분수로 나타내려고 합니다. 풀이 과정을 쓰고, 답을 구하세요.

세부 내용		점수
문제	① 주어진 분수를 사용한 경우	8
	② 주어진 낱말을 사용한 경우	7
총점		15

왼쪽 단

오답 제로를 위한 **채점 기준표**

	세부 내용	점수
풀이 과정	① 분모의 곱인 84를 공통분모로 하여 통분한 경우	2
	② 방법1을 바르게 계산한 경우	2
	③ 분모의 최소공배수인 42를 공통분모로 하여 통분한 경우	2
	④ 방법2를 바르게 계산한 경우	2
	⑤ 계산 결과가 모두 $\frac{2}{3}$인 경우	1
답	$\frac{2}{3}$라고 쓴 경우	1
	총점	10

❷

풀이 방법1] 분모의 곱을 공통분모로 통분하여 계산하기

$$\frac{5}{8}+\frac{3}{10}=\frac{50}{80}+\frac{24}{80}=\frac{74}{80}=\frac{37}{40}$$

방법2] 분모의 최소공배수를 공통분모로 통분하여 계산하기

$$\frac{5}{8}+\frac{3}{10}=\frac{25}{40}+\frac{12}{40}=\frac{37}{40}$$

답 $\frac{37}{40}$

오답 제로를 위한 **채점 기준표**

	세부 내용	점수
풀이 과정	① 분모의 곱인 80을 공통분모로 하여 통분한 경우	3
	② 방법1을 바르게 계산한 경우	3
	③ 분모의 최소공배수인 40을 공통분모로 하여 통분한 경우	3
	④ 방법2를 바르게 계산한 경우	3
	⑤ 계산 결과가 모두 $\frac{37}{40}$인 경우	1
답	$\frac{37}{40}$이라고 쓴 경우	2
	총점	15

핵심유형2 **받아올림이 있는 분모가 다른 진분수의 덧셈**

STEP 1 .... P. 79

1단계 $\frac{17}{21}, \frac{9}{35}$

2단계 큰

3단계 큰

4단계 85, $\frac{27}{105}$ / $\frac{112}{105}$, 7, $1\frac{1}{15}$

5단계 $1\frac{1}{15}$

STEP 2 .... P. 80

1단계 $\frac{5}{6}, \frac{7}{10}$

2단계 큰

3단계 큰

4단계 7, 10, 25, 21, 30 / 46, 30, 16, $1\frac{8}{15}$

5단계 따라서 $\frac{5}{6}$보다 $\frac{7}{10}$만큼 더 큰 수를 기약분수로 나타내면 $1\frac{8}{15}$입니다.

STEP 3 .... P. 81

❶

풀이 더해서, $\frac{17}{35}, \frac{14}{35}, \frac{31}{35}$ / 1, $\frac{17}{35}, \frac{20}{35}$ / $\frac{37}{35}, 1\frac{2}{35}$ /

$1\frac{2}{35}$, 나

답 나 비커

오답 제로를 위한 **채점 기준표**

	세부 내용	점수
풀이 과정	① 가 비커 전체 물의 양을 바르게 계산한 경우	3
	② 나 비커 전체 물의 양을 바르게 계산한 경우	3
	③ 나 비커의 물의 양이 1 L보다 많다고 말한 경우	3
답	나 비커라고 쓴 경우	1
	총점	10

❷

풀이 (지연이가 움직인 거리)$=\frac{3}{8}+\frac{7}{9}=\frac{27}{72}+\frac{56}{72}=\frac{83}{72}=1\frac{11}{72}$ (km)이고, $1\frac{11}{72}$ km$>$1 km입니다. (민철이가 움직인 거리)$=\frac{11}{24}+\frac{17}{36}=\frac{33}{72}+\frac{34}{72}=\frac{67}{72}$ (km)이고, $\frac{67}{72}$ km$<$1 km입니다. 따라서 1 km보다 더 많이 움직인 사람은 지연입니다.

답 지연

	세부 내용	점수
풀이 과정	① 지연이가 움직인 거리를 바르게 계산한 경우	5
	② 민철이가 움직인 거리를 바르게 계산한 경우	5
	③ 지연이가 움직인 거리가 $1\,km$보다 더 많이 움직였다고 말한 경우	3
답	지연이라고 쓴 경우	2
	총점	15

 **핵심유형 3** 받아올림이 있는 분모가 다른 대분수의 덧셈

STEP 1 .... P. 82

1단계 $1\frac{2}{3}, 6\frac{4}{7}$

2단계 매실, 기약분수

3단계 더합니다

4단계 $1\frac{14}{21}, 6\frac{12}{21}, 26, 1\frac{5}{21} / 8\frac{5}{21}$

5단계 $8\frac{5}{21}$

STEP 2 .... P. 83

1단계 $5\frac{7}{18}, 7\frac{11}{12}$

2단계 사과, 기약분수

3단계 더합니다

4단계 $14, 33, 12, 47 / 12, 11, 13\frac{11}{36}$

5단계 따라서 상자에 담긴 사과와 배의 무게를 기약분수로 구하면 $13\frac{11}{36}\,kg$입니다.

STEP 3 .... P. 84

①

풀이 $1\frac{27}{60}, 50, < / 4\frac{4}{5}, 1\frac{5}{6}, 1\frac{9}{20}, 4\frac{4}{5} / 1\frac{5}{6}, 24, 30, 6\frac{19}{30}$

답 $6\frac{19}{30}$

	세부 내용	점수
풀이 과정	① 자연수 부분이 1인 두 분수를 비교했을 때 $1\frac{9}{20} < 1\frac{5}{6}$ 를 얻어낸 경우	3
	② 수의 크기를 바르게 비교한 경우	3
	③ 가장 큰 수와 두 번째로 작은 수의 합을 $6\frac{19}{30}$라고 한 경우	3
답	$6\frac{19}{30}$라고 쓴 경우	1
	총점	10

②

풀이 자연수 부분이 4인 두 분수를 비교하면

$\left(4\frac{4}{9}, 4\frac{3}{4}\right) \rightarrow \left(4\frac{16}{36}, 4\frac{27}{36}\right) \rightarrow \left(4\frac{4}{9}, 4\frac{3}{4}\right)$이므로

수의 크기를 비교하면

$4\frac{3}{4} > 4\frac{4}{9} > 3\frac{3}{8} > 2\frac{5}{6}$입니다. 가장 큰 수는 $4\frac{3}{4}$이고

두 번째로 작은 수는 $3\frac{3}{8}$이므로 $4\frac{3}{4} + 3\frac{3}{8} = 4\frac{6}{8} + 3\frac{3}{8}$

$= 8\frac{1}{8}$입니다.

답 $8\frac{1}{8}$

	세부 내용	점수
풀이 과정	① 자연수 부분이 4인 두 분수를 비교했을 때 $4\frac{4}{9} < 4\frac{3}{4}$ 을 얻어낸 경우	5
	② 수의 크기를 바르게 비교한 경우	4
	③ 가장 큰 수와 두 번째로 작은 수의 합을 $8\frac{1}{8}$이라고 한 경우	5
답	$8\frac{1}{8}$이라고 쓴 경우	1
	총점	15

 제시된 풀이는 모범답안이므로
채점 기준표를 참고하여 채점하세요.

 **받아내림이 있는 분모가 다른 대분수의 뺄셈**

STEP 1 .... P. 85

[1단계] $12\frac{1}{4}$, $1\frac{5}{6}$

[2단계] 색

[3단계] 더하고, 뺍니다

[4단계] $12\frac{1}{4}$, 2, $\frac{1}{2}$ / $24\frac{1}{2}$, 3 / 9, 22, 4, $22\frac{2}{3}$

[5단계] $22\frac{2}{3}$

STEP 2 .... P. 86

[1단계] $11\frac{5}{12}$, $1\frac{3}{10}$

[2단계] 3

[3단계] 세, 더하고 / 뺍니다

[4단계] $11\frac{5}{12}$, 15 / 3, $34\frac{1}{4}$ / $34\frac{1}{4}$, $1\frac{3}{10}$, $34\frac{1}{4}$, 3 / $34\frac{5}{20}$, 12, 25, 12 / $31\frac{13}{20}$

[5단계] 따라서 끈 3개를 겹치게 이어 붙인 길이를 기약분수로 나타내면 $31\frac{13}{20}$ cm입니다.

STEP 3 .... P. 87

❶

풀이 큰, $7\frac{2}{5}$ / 작은, $2\frac{5}{7}$ / $7\frac{2}{5}$, $2\frac{5}{7}$, 14, 49 / $4\frac{24}{35}$

답 $4\frac{24}{35}$

	세부 내용	점수
풀이 과정	① 가장 큰 대분수를 $7\frac{2}{5}$ 라고 한 경우	3
	② 가장 작은 대분수를 $2\frac{5}{7}$ 라고 한 경우	3
	③ 두 분수의 차를 바르게 구한 경우	3
답	$4\frac{24}{35}$ 라고 쓴 경우	1
	총점	10

❷

풀이 가장 큰 대분수는 자연수 부분이 가장 큰 분수로 $9\frac{1}{4}$이고, 가장 작은 대분수는 자연수 부분이 가장 작은 분수로 $1\frac{4}{9}$입니다. 두 분수의 차를 구하면 $9\frac{1}{4}-1\frac{4}{9}=9\frac{9}{36}-1\frac{16}{36}=8\frac{45}{36}-1\frac{16}{36}=7\frac{29}{36}$입니다.

답 $7\frac{29}{36}$

	세부 내용	점수
풀이 과정	① 가장 큰 대분수를 $9\frac{1}{4}$ 이라고 한 경우	5
	② 가장 작은 대분수를 $1\frac{4}{9}$ 라고 한 경우	5
	③ 두 분수의 차를 바르게 구한 경우	3
답	$7\frac{29}{36}$ 라고 경우	2
	총점	15

 **실력** 다지기 .... P. 88

❶

풀이 $\square=1\frac{3}{5}+2\frac{9}{10}=1\frac{6}{10}+2\frac{9}{10}=3\frac{15}{10}=4\frac{5}{10}=4\frac{1}{2}$

$\triangle=1\frac{3}{4}+1\frac{5}{6}=1\frac{9}{12}+1\frac{10}{12}=2\frac{19}{12}=3\frac{7}{12}$

$\square-\triangle=4\frac{1}{2}-3\frac{7}{12}=4\frac{6}{12}-3\frac{7}{12}=3\frac{18}{12}-3\frac{7}{12}=\frac{11}{12}$

답 $\frac{11}{12}$

	세부 내용	점수
풀이 과정	① $\square=4\frac{1}{2}$ 이라고 한 경우	6
	② $\triangle=3\frac{7}{12}$ 이라고 한 경우	6
	③ $\square-\triangle=\frac{11}{12}$ 이라고 한 경우	6
답	$\frac{11}{12}$ 이라고 쓴 경우	2
	총점	20

❷

풀이 $\frac{12}{17}$와 $\frac{43}{51}$의 합은 $\frac{12}{17}+\frac{43}{51}=\frac{36}{51}+\frac{43}{51}=\frac{79}{51}=1\frac{28}{51}$입니다.

$1\frac{28}{51}+$(어떤 수)$=3\frac{23}{102}$이므로

(어떤 수)$=3\frac{23}{102}-1\frac{28}{51}$

$=3\frac{23}{102}-1\frac{56}{102}=2\frac{125}{102}-1\frac{56}{102}=1\frac{69}{102}$입니다.

따라서 어떤 수보다 $1\frac{4}{17}$만큼 더 큰 수는 $1\frac{69}{102}+1\frac{4}{17}$

$=1\frac{69}{102}+1\frac{24}{102}=2\frac{93}{102}=2\frac{31}{34}$입니다.

답 $2\frac{31}{34}$

	세부 내용	점수
풀이 과정	① $\frac{12}{17}+\frac{43}{51}$의 값을 바르게 구한 경우 $\left(=1\frac{28}{51}\right)$	4
	② 어떤 수에 관한 식으로 바르게 나타낸 경우	5
	③ 어떤 수를 $1\frac{69}{102}$라고 한 경우	5
	④ 어떤 수보다 $1\frac{4}{17}$만큼 더 큰 수를 $2\frac{31}{34}$이라고 한 경우	4
답	$2\frac{31}{34}$이라고 쓴 경우	2
	총점	20

오답 제로를 위한 **채점 기준표**

❸

풀이 (기차가 부산까지 가는 데 걸린 시간)$=2\frac{1}{6}+\frac{1}{3}+1\frac{3}{4}$

$=2\frac{10}{60}+\frac{20}{60}+1\frac{45}{60}=3+\frac{75}{60}=3+1\frac{15}{60}=4\frac{15}{60}$(시간)입니다. 1시간은 60분이므로 $4\frac{15}{60}$시간은 4시간 15분입니다. 따라서 기차가 부산에 도착한 시간은 오전 10시+4시간 15분=오후 2시 15분입니다.

답 오후 2시 15분

오답 제로를 위한 **채점 기준표**

	세부 내용	점수
풀이 과정	① 기차가 움직인 시간을 구하는 식을 세운 경우	5
	② 기차가 움직인 시간을 $4\frac{15}{60}$(시간)라고 한 경우	4
	③ $4\frac{15}{60}$시간을 4시간 15분으로 나타낸 경우	4
	④ 기차가 부산에 도착한 시간을 오후 2시 15분이라고 한 경우	5
답	오후 2시 15분이라고 쓴 경우	2
	총점	20

❹

풀이 대각선 세 수의 합은 $\frac{1}{12}+\frac{5}{24}+\frac{1}{3}=\frac{2}{24}+\frac{5}{24}+\frac{8}{24}=\frac{15}{24}$.

㉠$=\frac{15}{24}-\frac{3}{8}-\frac{1}{12}=\frac{15}{24}-\frac{9}{24}-\frac{2}{24}=\frac{4}{24}=\frac{1}{6}$

㉢$=\frac{15}{24}-\frac{3}{8}-\frac{5}{24}=\frac{15}{24}-\frac{9}{24}-\frac{5}{24}=\frac{1}{24}$

㉣$=\frac{15}{24}-\frac{1}{3}-㉢=\frac{15}{24}-\frac{8}{24}-\frac{1}{24}=\frac{6}{24}=\frac{1}{4}$

㉡$=\frac{15}{24}-\frac{1}{12}-㉣=\frac{15}{24}-\frac{1}{12}-\frac{1}{4}=\frac{15}{24}-\frac{2}{24}-\frac{6}{24}=\frac{7}{24}$

따라서 ㉠$+$㉡$-$㉢$=\frac{1}{6}+\frac{7}{24}-\frac{1}{24}=\frac{4}{24}+\frac{7}{24}-\frac{1}{24}=\frac{10}{24}$

$=\frac{5}{12}$

답 $\frac{5}{12}$

오답 제로를 위한 **채점 기준표**

	세부 내용	점수
풀이 과정	① 대각선 세 수의 합이 $\frac{15}{24}$임을 알아낸 경우	3
	② ㉠$=\frac{1}{6}$이라고 한 경우	3
	③ ㉡$=\frac{7}{24}$이라고 한 경우	3
	④ ㉢$=\frac{1}{24}$이라고 한 경우	3
	⑤ ㉣$=\frac{1}{4}$이라고 한 경우	3
	⑥ ㉠$+$㉡$-$㉢$=\frac{5}{12}$라고 한 경우	3
답	$\frac{5}{12}$라고 쓴 경우	2
	총점	20

제시된 풀이는 **모범답안**이므로
채점 기준표를 참고하여 채점하세요.

나만의 문제 만들기

P. 90

문제 물병 가에 들어 있는 물은 $1\frac{3}{5}$ L이고 물병 나에 들어 있는 물은 $1\frac{4}{15}$ L입니다. 두 물병에 들어 있는 물은 몇 L인지 기약분수로 구하려고 합니다. 풀이 과정을 쓰고, 답을 구하세요.

오답 제로를 위한 **채점 기준표**

	세부 내용	점수
	① 주어진 수를 사용한 경우	5
문제	② 주어진 낱말을 사용한 경우	5
	③ 두 물병에 있는 물의 양을 구하는 만든 경우	5
	총점	15

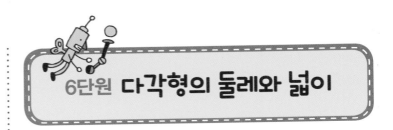

6단원 다각형의 둘레와 넓이

핵심유형 1 정다각형의 둘레, 사각형의 둘레

STEP 1
P. 92

1단계 6, 같습니다

2단계 정육각형

3단계 정오각형, 변 / 정육각형

4단계 5, 30 / 30 / 30, 5

5단계 5

STEP 2
P. 93

1단계 40, 같습니다

2단계 정사각형

3단계 정팔각형, 변

4단계 8, 5 / 5 / 5, 4, 20

5단계 따라서 정사각형의 둘레는 20 cm입니다.

STEP 3
P. 94

❶

풀이 같으므로, 6 / 10 / 6, 10, 60

답 60 cm

오답 제로를 위한 **채점 기준표**

	세부 내용	점수
	① 정사각형의 모든 변의 길이가 같다는 것을 인지한 경우	3
풀이 과정	② 만든 도형의 둘레가 6 cm가 10번인 길이와 같다고 한 경우	3
	③ 만든 도형의 둘레가 60 (cm)이라고 한 경우	3
답	60 cm라고 쓴 경우	1
	총점	10

❷

풀이 정오각형은 모든 변의 길이가 같으므로 만든 도형의 둘레는 5 cm가 11번인 길이와 같습니다. 따라서 만든 도형의 둘레는 5×11=55 (cm)입니다.

답 55 cm

오답 제로를 위한 **채점 기준표**

	세부 내용	점수
풀이 과정	① 정오각형의 모든 변의 길이가 같다는 것을 인지한 경우	5
	② 만든 도형의 둘레가 5 cm가 11번인 길이와 같다고 한 경우	5
	③ 만든 도형의 둘레를 55 (cm)라고 한 경우	3
답	55 cm라고 쓴 경우	2
총점		15

핵심유형 2 직사각형의 넓이, 정사각형의 넓이

STEP 1 .... P. 95

1단계 10, 32, 5

2단계 정사각형, 넓은지

3단계 세로 / 5, 뺍니다

4단계 가로 / 32, 10, 6 / 10, 6, 60 / 5, 25 / 60, 25, 35

5단계 35

STEP 2 .... P. 96

1단계 48, 6 / 4, 깁니다

2단계 정사각형, 넓은지

3단계 가로, 6, 뺍니다

4단계 4, 2, 48 / 24, 20, 10 / 14, 10 / 10, 140 / 6, 36 / 140, 36, 104

5단계 따라서 직사각형의 넓이는 정사각형의 넓이보다 104 cm² 더 넓습니다.

STEP 3 .... P. 97

❶

풀이 12, 12, 96 / 큰, 8 / 8, 8, 64 / 64, 32 / 64, 32, 32

답 32 cm²

오답 제로를 위한 **채점 기준표**

	세부 내용	점수
풀이 과정	① 직사각형의 넓이를 96 (cm²)이라고 한 경우	2
	② 이 직사각형을 잘라 만들 수 있는 가장 큰 정사각형의 한 변의 길이를 8 cm라고 한 경우	2
	③ 정사각형의 넓이를 64 (cm²)라고 한 경우	1
	④ 남은 부분의 넓이를 32 (cm²)라고 한 경우	2
	⑤ 만든 정사각형의 넓이와 남은 부분의 넓이의 차를 32 (cm²)라고 한 경우	2
답	32 cm²라고 쓴 경우	1
총점		10

❷

풀이 가로 22 cm, 세로 9 cm인 직사각형의 넓이는 22×9=198 (cm²)입니다. 이 직사각형을 잘라 만들 수 있는 가장 큰 정사각형의 한 변의 길이는 9 cm이므로 정사각형의 넓이는 9×9=81 (cm²)입니다. 남은 부분의 넓이는 198−81=117 (cm²)이므로 만든 정사각형의 넓이와 남은 부분의 넓이의 차는 117−81=36 (cm²)입니다.

답 36 cm²

오답 제로를 위한 **채점 기준표**

	세부 내용	점수
풀이 과정	① 직사각형의 넓이를 198 (cm²)이라고 한 경우	3
	② 이 직사각형을 잘라 만들 수 있는 가장 큰 정사각형의 한 변의 길이를 9 cm라고 한 경우	3
	③ 정사각형의 넓이를 81 (cm²)라고 한 경우	2
	④ 남은 부분의 넓이를 117 (cm²)이라고 한 경우	3
	⑤ 만든 정사각형의 넓이와 남은 부분의 넓이의 차를 36 (cm²)이라고 한 경우	3
답	36 cm²라고 쓴 경우	1
총점		15

핵심유형 3 평행사변형의 넓이

STEP 1 .... P. 98

1단계 8, 10 / 10, 120

2단계 수

제시된 풀이는 모범답안이므로 채점 기준표를 참고하여 채점하세요.

세부 내용		점수
풀이 과정	① (변 ㄹㄱ), (변 ㄱㄴ), (변 ㄴㄷ), (변 ㅂㅁ)의 길이를 9 cm라고 한 경우	3
	② 두 도형을 이어붙인 도형의 둘레가 52 cm인 것을 이용하여 (변 ㄷㅂ)과 (변 ㅁㄹ)의 길이가 8 cm인 것을 알아낸 경우	4
	④ 평행사변형의 밑변의 길이를 8 cm, 높이를 7 cm라고 한 경우	4
	⑤ 평행사변형의 넓이를 56 cm²라고 한 경우	3
답	56 cm²라고 쓴 경우	1
총점		15

3단계 빼서, (나) / 높이, 밑변

4단계 8, 10, 80 / 80, 40 / 40, 4

5단계 4

STEP 2 .... P. 99

1단계 7, 36, 64

2단계 높이

3단계 빼서, (가) / 밑변, 높이

4단계 64, 36, 28 / 28, 7, 4

5단계 따라서 평행사변형 (가)의 높이는 4 cm입니다.

STEP 3 .... P. 100

❶

풀이 7 / 4, 7 / 7, 44, 22 / 11 / 11, 33

답 33 cm²

세부 내용		점수
풀이 과정	① (변 ㄴㄷ)과 (변 ㄱㄹ)의 길이를 7 cm라고 한 경우	2
	② (변 ㅁㅂ)과 (변 ㄱㄴ)의 길이를 4 cm라고 한 경우	2
	③ 두 도형을 이어붙인 도형의 둘레가 44 cm인 것을 이용하여 (변 ㄷㅂ)과 (변 ㅁㄹ)의 길이가 11 cm인 것을 알아낸 경우	2
	④ 평행사변형의 밑변의 길이를 11 cm, 높이를 3 cm라고 한 경우	2
	⑤ 평행사변형의 넓이를 33 cm²라고 한 경우	1
답	33 cm²라고 쓴 경우	1
총점		10

❷

풀이 정사각형은 네 변의 길이가 같고 평행사변형은 마주보는 변의 길이가 같으므로 (변 ㄹㄱ)=(변ㄱㄴ)=(변 ㄴㄷ)=(변 ㅂㅁ)=9 cm입니다. 두 도형을 이어붙여 만든 도형의 둘레는 9+9+9+(변 ㄷㅂ)+9+(변 ㅁㄹ)=52 (cm)이므로 (변 ㄷㅂ)+(변 ㅁㄹ)=16 (cm)이고, (변 ㄷㅂ)=(변 ㅁㄹ)=8 (cm)입니다. 따라서 평행사변형의 밑변의 길이는 8 cm이고 높이가 7 cm이므로 평행사변형의 넓이는 8×7=56 (cm²)입니다.

답 56 cm²

핵심유형 4 삼각형의 넓이

STEP 1 .... P. 101

1단계 2, 16

2단계 삼각형

3단계 밑변, 높이 / 밑변, 2

4단계 4, 4 / 4, 6 / 밑변, 2 / 4, 6, 12

5단계 12

STEP 2 .... P. 102

1단계 3, 15, >

2단계 삼각형

3단계 밑변, 높이 / 밑변, 2

4단계 3, 15, 6 / 9, 6, 밑변 / 9, 6, 27

5단계 따라서 조건을 모두 만족하는 삼각형의 넓이는 27 cm²입니다.

STEP 3 .... P. 103

❶

풀이 25, 35 / 2 / 25, 35, 28 / 28

답 28

오답 제로를 위한 **채점 기준표**		
세부 내용		**점수**
풀이 과정	① 밑변이 25 cm일 때, 높이를 □ cm라고 한 경우	2
	② 밑변이 35 cm일 때, 높이를 20 cm라고 한 경우	2
	③ 삼각형의 넓이 구하는 공식을 이용해 □를 구해낸 경우	3
	④ □=28이라고 한 경우	2
답	28이라고 쓴 경우	1
총점		10

❷

풀이 이 삼각형은 밑변의 길이가 □ cm일 때 높이는 16 cm이고, 밑변의 길이가 32 cm일 때 높이는 20 cm입니다. (삼각형의 넓이)=(밑변의 길이)×(높이)÷2이므로 □×16÷2=32×20÷2이므로 □=40입니다. 따라서 □ 안에 알맞은 수는 40입니다.

답 40

오답 제로를 위한 **채점 기준표**		
세부 내용		**점수**
풀이 과정	① 밑변이 □ cm일 때, 높이를 16 cm라고 한 경우	3
	② 밑변이 32 cm일 때, 높이를 20 cm라고 한 경우	3
	③ 삼각형의 넓이 구하는 공식을 이용해 □를 구해낸 경우	5
	④ □=40이라고 한 경우	3
답	40이라고 쓴 경우	1
총점		15

❶

풀이 정사각형의 넓이와 직사각형의 넓이가 같으므로 정사각형 넓이의 2배에서 겹쳐진 삼각형의 넓이를 뺍니다. 삼각형의 밑변의 길이가 정사각형의 한 변의 길이의 반인 3 cm라면 높이는 정사각형 한 변의 길이의 $\frac{2}{3}$인 4 cm입니다. 따라서 (겹쳐진 도형 전체 넓이)=(정사각형 넓이)×2-(겹쳐진 삼각형의 넓이)=6×6×2-3×4÷2=72-6=66 (cm²)입니다.

답 66 cm²

오답 제로를 위한 **채점 기준표**		
세부 내용		**점수**
풀이 과정	① 삼각형의 밑변의 길이를 3 cm, 높이를 정사각형 길이의 $\frac{2}{3}$인 4 cm라고 한 경우	9
	② 겹쳐진 도형 전체의 넓이를 66 (cm²)이라고 한 경우	9
답	66 cm²라고 쓴 경우	2
총점		20

❷

풀이 전체 넓이에서 색칠하지 않은 직사각형 2개의 넓이를 뺍니다. 정사각형의 넓이는 40×40=1600(cm²)이고, 정사각형의 한 변의 길이를 8등분하였으므로 눈금 한 칸의 길이는 40÷8=5 (cm)입니다. 색칠하지 않은 직사각형 2개의 가로와 세로는 각각 30 cm와 5 cm, 30 cm와 10 cm입니다. 따라서 (색칠한 부분의 넓이)=(정사각형의 넓이)-(색칠하지 않은 직사각형 2개의 넓이)=40×40-30×5-30×10=1600-150-300=1150 (cm²)입니다.

답 1150 cm²

오답 제로를 위한 **채점 기준표**		
세부 내용		**점수**
풀이 과정	① 눈금 한 칸의 길이를 5 (cm)라고 한 경우	6
	② 색칠하지 않은 직사각형 2개의 가로와 세로의 길이를 각각 (30 cm, 5 cm), (30 cm, 10 cm)라고 한 경우	6
	③ 색칠한 부분의 넓이를 바르게 구한 경우	6
답	1150 cm²라고 쓴 경우	2
총점		20

 제시된 풀이는 **모범답안**이므로
채점 기준표를 참고하여 채점하세요.

❸

풀이 정육각형의 한 각의 크기는 120°이고, 직선이 이루는 각도는 180°이므로 정육각형의 한 변을 삼각형의 한 변으로 하였을 때 삼각형 한 변의 양 끝 각의 크기는 60°입니다. 따라서 삼각형은 정삼각형입니다. 정육각형은 정삼각형 6개로 나눌 수 있으므로 정삼각형 한 개의 넓이는 360÷6=60 (cm²)이고 모양 전체의 넓이는 360+60×6=720 (cm²)입니다.

답 720 cm²

<table>
<tr><td colspan="2" align="right">오답 제로를 위한</td><td>채점 기준표</td></tr>
<tr><td colspan="2" align="center">세부 내용</td><td>점수</td></tr>
<tr><td rowspan="4">풀이
과정</td><td>① 삼각형이 정삼각형임을 알아낸 경우</td><td>5</td></tr>
<tr><td>② 정삼각형 하나의 길이를 60 (cm²)이라고 한 경우</td><td>5</td></tr>
<tr><td>③ 정육각형의 넓이를 360 (cm²)이라고 한 경우</td><td>5</td></tr>
<tr><td>④ 전체 도형의 넓이를 720 (cm²)이라고 한 경우</td><td>3</td></tr>
<tr><td>답</td><td>720 cm²라고 쓴 경우</td><td>2</td></tr>
<tr><td colspan="2" align="center">총점</td><td>20</td></tr>
</table>

❹

풀이 삼각형 ㉠의 밑변의 길이는 20 cm이고 높이는 10 cm이므로 넓이는 20×10÷2=100 (cm²)입니다. 정사각형 ㉡을 마름모라 생각하면 두 대각선의 길이가 각각 10 cm이므로 넓이는 10×10÷2=50 (cm²)입니다. 따라서 삼각형 ㉠과 정사각형 ㉡의 넓이의 합은 100+50=150 (cm²)입니다.

답 150 cm²

<table>
<tr><td colspan="2" align="right">오답 제로를 위한</td><td>채점 기준표</td></tr>
<tr><td colspan="2" align="center">세부 내용</td><td>점수</td></tr>
<tr><td rowspan="5">풀이
과정</td><td>① ㉠의 밑변의 길이를 20 cm, 높이를 10 cm라고 한 경우</td><td>4</td></tr>
<tr><td>② ㉠의 넓이를 100 (cm²)이라고 한 경우</td><td>4</td></tr>
<tr><td>③ ㉡을 마름모라고 생각해서 대각선의 길이가 각각 10 cm라고 한 경우</td><td>4</td></tr>
<tr><td>③ ㉡의 넓이를 50 (cm²)이라고 한 경우</td><td>4</td></tr>
<tr><td>④ ㉠과 ㉡의 넓이의 합을 150 (cm²)이라고 한 경우</td><td>2</td></tr>
<tr><td>답</td><td>150 cm²라고 쓴 경우</td><td>2</td></tr>
<tr><td colspan="2" align="center">총점</td><td>20</td></tr>
</table>

나만의 문제 만들기

문제 가로가 8 cm, 세로가 4 cm인 직사각형의 둘레와 넓이를 차례로 구하려고 합니다. 풀이 과정을 쓰고, 답을 구하세요.

<table>
<tr><td colspan="2" align="right">오답 제로를 위한</td><td>채점 기준표</td></tr>
<tr><td colspan="2" align="center">세부 내용</td><td>점수</td></tr>
<tr><td rowspan="3">문제</td><td>① 주어진 수를 사용한 경우</td><td>5</td></tr>
<tr><td>② 주어진 낱말을 사용한 경우</td><td>5</td></tr>
<tr><td>③ 직사각형 활용하기 문제를 만든 경우</td><td>5</td></tr>
<tr><td colspan="2" align="center">총점</td><td>15</td></tr>
</table>

MEMO

MEMO

이것이 THIS IS 시리즈다!

THIS IS GRAMMAR 시리즈

▷ 중·고등 내신에 꼭 등장하는 어법 포인트 분석 및 총정리

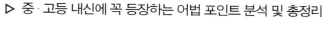

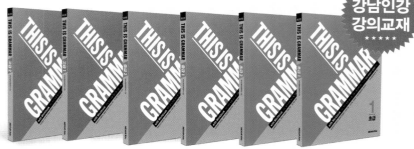

★★★★★
강남인강
강의교재
★★★★★

THIS IS READING 시리즈

▷ 다양한 소재의 지문으로 내신 및 수능 완벽 대비

★★★★★
강남인강
강의교재
★★★★★

THIS IS VOCABULARY 시리즈

▷ 주제별로 분류한 교육부 권장 어휘

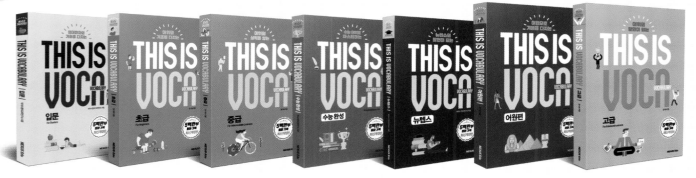

넥서스에듀 홈페이지에서 제공하는 '스페셜 유형'과 '추가 문제'들로
내용을 보충하고 배운 것을 복습할 수 있습니다.

동영상 강의
무료 제공

www.nexusEDU.kr/math

넥서스에듀 홈페이지에서 제공하는 '스페셜 유형'과 '추가 문제'들로
내용을 보충하고 배운 것을 복습할 수 있습니다.

교과연계 **초등 4학년**

7권	(4-1) 4학년 1학기 과정	8권	(4-2) 4학년 2학기 과정
1	큰 수	1	분수의 덧셈과 뺄셈
2	각도	2	삼각형
3	곱셈과 나눗셈	3	소수의 덧셈과 뺄셈
4	평면도형의 이동	4	사각형
5	막대그래프	5	꺾은선그래프
6	규칙 찾기	6	다각형

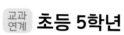
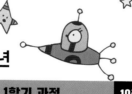

교과연계 **초등 5학년**

9권	(5-1) 5학년 1학기 과정	10권	(5-2) 5학년 2학기 과정
1	자연수의 혼합 계산	1	수의 범위와 어림하기
2	약수와 배수	2	분수의 곱셈
3	규칙과 대응	3	합동과 대칭
4	약분과 통분	4	소수의 곱셈
5	분수의 덧셈과 뺄셈	5	직육면체
6	다각형의 둘레와 넓이	6	평균과 가능성

교과연계 **초등 6학년**

11권	(6-1) 6학년 1학기 과정	12권	(6-2) 6학년 2학기 과정
1	분수의 나눗셈	1	분수의 나눗셈
2	각기둥과 각뿔	2	소수의 나눗셈
3	소수의 나눗셈	3	공간과 입체
4	비와 비율	4	비례식과 비례배분
5	여러 가지 그래프	5	원의 넓이
6	직육면체의 부피와 겉넓이	6	원기둥, 원뿔, 구

중학교 서술형을 대비하는 기적 같은 첫걸음

공부감각을 키워주는
영문법+쓰기 ①②

통문장 암기 훈련 워크북 포함

이번 생에 영문법은 처음이라...

* 처음 영작문을 시작하는 기초 영문법+쓰기 입문서

* 두 권으로 끝내는 중등 내신 서술형 맛보기

* 간단하면서도 체계적으로 정리된 이해하기 쉬운 핵심 문법 설명

* 학교 내신 문제의 핵심을 정리한 Step-by-Step 영문법+쓰기

* 통문장 암기 훈련 워크북으로 스스로 훈련하며 영문법 완전 마스터

* 어휘 출제 마법사를 통한 어휘 리스트, 테스트 제공

 넥서스에듀가 제공하는 학습시스템

 통문장 암기 훈련 워크북 | 어휘 리스트 & 테스트지 | 동사형 변화표 | 모바일 단어장 | VOCA TEST | 챕터별 리뷰 테스트

 모바일 단어장 VOCA TEST

www.nexusEDU.kr | www.nexusbook.com

공부감각을 키워주는
영문법+쓰기 ① ②   넥서스영어교육연구소 지음 | 210×275 | 176쪽 (워크북, 정답 및 해설 포함) | 각 권 12,000원